Memórias de Brumadinho: Vidas que não se apagam

A autora doará toda sua renda com direitos autorais desta obra a instituições beneficentes que atuam para reparar os danos, de toda natureza, causados pelo fato narrado neste livro.

Coordenação Editorial
Cauê Ameni, Hugo Albuquerque e Manuela Beloni
Revisão final
Hugo Albuquerque
Capa
@sobinfluencia
Diagramação
Manuela Beloni

Dados Internacionais de Catalogação na Publicação (CIP)
(eDOC BRASIL, Belo Horizonte/MG)

G694m Goulart, Julia Castello.
Memórias de Brumadinho: vidas que não se apagam / Julia Castello Goulart. – São Paulo, SP: Autonomia Literária, 2019.
232 p. : 14 x 21 cm

ISBN 978-85-69536-73-4

1. Barragens de rejeitos – Acidentes. 2. Desastres ambientais – Brumadinho (MG). 3. Rejeitos (Metalurgia). I. Título.
CDD 363.34098151

Elaborado por Maurício Amormino Júnior – CRB6/2422

Autonomia Literária
Rua Conselheiro Ramalho 945
Cep: 01325-001 São Paulo – SP
autonomialiteraria.com.br

Julia Castello Goulart

Memórias de Brumadinho: Vidas que não se apagam

2020

Autonomia Literária

Sumário

Dedicado a todas as vidas que se perderam nessa tragédia. Especialmente a Gustavo, Leticia, André, Luciano, Luiz, Fernanda, Lorenzo, Camila, Jussara,
Juliana, Adriano e Maria de Lurdes.

Sorte a minha ter pessoas maravilhosas na trajetória do livro e da minha vida. Agradeço a todos os entrevistados, à minha família, aos amigos e aos professores Pollyana Ferrari e Gustavo Borges.

Apresentação
Escrito com o coração, endereçado ao fígado

José Arbex Jr[1].

> Eu ouvi todos os depoimentos e fiquei triste. Eu ouvi os áudios novamente e fiquei triste. Eu escrevi cada uma dessas histórias e fiquei triste. Espero que quem o leia também fique. Que se emocione e sinta algo. Que sinta essa vontade de fazer a diferença, mesmo que não seja possível fazer muito para diminuir a dor que estas pessoas sentem. Mas eu acredito que se sensibilizar, além de lembrarmos de nossa própria humanidade que se perde com a correria do dia a dia, seja um início para exigirmos punições e leis mais severas não apenas para evitar que novos crimes como estes aconteçam, mas muitos outros que estampam as tragédias dos noticiários.
>
> (Trecho do capítulo conclusivo deste livro)

"Que tolos! Eles pensam que os jornalistas escrevem com as mãos". Com essa frase memorável, Antônio Maria encerrou uma crônica publicada, no início dos anos 60, no jornal *Última Hora*, apoiador do então presidente Getúlio Vargas. Ele respondia a agressores partidários do jornalista e político Carlos Lacerda, porta-voz da direitista União Democrática Nacional (UDN) e o mais feroz opositor de Vargas. Os bandidos de Lacerda atacaram José Maria e quebraram os de-

1 José Arbex Júnior é jornalista e escritor. Doutor em História Social pela Universidade de São Paulo (USP), é também professor de jornalismo na Pontifícia Universidade Católica de São Paulo (PUCSP), e foi editor especial da revista Caros Amigos da editora Casa Amarela. É autor de livros como *Showrnalismo – A notícia como espetáculo (Editora Casa Amarela, 2001)* e *O Jornalismo Canalha (Editora Casa Amarela, 2003).*

dos de suas mãos. Acharam que ele se calaria. Acharam. Até abrirem as páginas do *Última Hora*, no dia seguinte.

Eis aí, talvez, na conclusão da crônica, uma chave para uma boa definição da profissão: jornalista é um profissional do texto que não escreve com as mãos. Escreve com o coração – e com o fígado, quando necessário. É sempre comprometido com os fatos, mas nunca indiferente a eles. Não é "neutro" diante das tragédias, da dor e do sofrimento das vítimas que reporta. Robert Fisk, histórico correspondente do jornal britânico *The Independent* em Beirute (Líbano) e um dos jornalistas mais importantes em atividade no mundo, zomba dos "idiotas da objetividade" que acham que a "imparcialidade" e a "objetividade" do jornalista podem e devem ser atingidas mediante o expediente de dar o mesmo tempo de fala ou dedicar o mesmo número de linhas a todas as partes envolvidas em um conflito ou disputa. Se eu estivesse cobrindo a libertação do campo de extermínio de Auschwitz – diz Fisk –, eu teria a obrigação de ouvir, em primeiro lugar, as vítimas sobreviventes, dar destaque aos seus relatos, jamais seria minha prioridade ouvir os carrascos e opressores.

Não se trata, aqui, de ser "partidário", mas sim de levar à risca um procedimento ético construído ao longo de pelo menos cinco séculos de história, desde que o Jornalismo começou a nascer como prática necessária ao debate público, em pleno Renascimento. Aos alunos do curso de Jornalismo da Pontifícia Universidade Católica de São Paulo, costumo dizer, como provocação, que a publicação das 95 Teses de Wittenberg (situada na Alta Saxônia) propostas por Martinho Lutero, em 1517, contra a venda de indulgências por parte da Igreja Católica, moldaram a prática do Jornalismo como articulador, mediador e facilitador dos processos que levam às ruas as polêmicas e embates em torno das ideias: as teses foram impressas e afixadas em local público (às portas da catedral do castelo local), dando início ao movimento da Reforma protestante, com vastas implicações para a história moderna e contemporânea.

Exatamente por assumir, historicamente, um papel central na construção daquilo que hoje se convenciona chamar "espaço público", pressuposto fundamental da democracia, o Jornalismo só pode ser adequadamente exercido como uma prática regulamentada por uma ética subordinada aos interesses do público, titular e principal destinatário das informações divulgadas. É uma ética colocada em questão, no mundo contemporâneo, pela existência de megacorporações midiáticas, em escala nacional e planetária, que exercem o monopólio da comunicação, submetendo a prática do Jornalismo aos jogos políticos, financeiros e ideológicos alheios, não raro hostis e antagônicos ao interesse público.

A total oposição, o antagonismo entre o respeito ao interesse público e a manipulação da informação pelas corporações privadas foi exposto de forma cristalina, em 2019, pela operação "vaza jato". O jornalista estadunidense-brasileiro Glenn Greenwald publicou uma série de documentos, inicialmente por meio da revista *The Intercept*, depois com a colaboração de outros veículos da "grande imprensa" que evidenciavam a prática de procedimentos ilegais adotados pelas autoridades encarregadas da Operação Lava Jato. Não se trata aqui, obviamente, de entrar no mérito das notícias divulgadas, mas sim de fazer uma pergunta muito simples: será possível que as grandes corporações da mídia tupiniquim não tinham conhecimento, ou ao menos indícios das ilegalidades denunciadas? Tudo indica que se a *Intercept* não houvesse furado o bloqueio do silêncio, a sociedade brasileira jamais teria conhecimento da quantidade imensa de falcatruas praticadas por autoridades que, supostamente, deveriam zelar pelo bem público. Tal é a importância do Jornalismo autêntico para a preservação da democracia.

No Brasil, o Código de Ética adotado pelos sindicatos e organizações que representam os jornalistas como categoria profissional estabelece que é dever do jornalistas, entre outras coisas:

> Opor-se ao arbítrio, ao autoritarismo e à opressão, bem como defender os princípios expressos na Declaração Universal dos Direitos Humanos;divulgar os fatos e as informações de interesse público; lutar pela liberdade de pensamento e de expressão; combater e denunciar todas as formas de corrupção, em especial quando exercidas com o objetivo de controlar a informação; respeitar o direito à intimidade, à privacidade, à honra e à imagem do cidadão.

Pois bem, o livro que o caro leitor tem agora em suas mãos é um claro exemplar do melhor Jornalismo. Em primeiro lugar, por ter sido escrito com o coração, mas por ser endereçado ao fígado. É uma reportagem que, ao retratar de forma tão humana, tão delicada e ao mesmo tempo profunda a história das personagens, mexe com os nossos brios, convoca a indignação, exige o respeito e o cumprimento às leis. Era essa a intenção da autora, explicitada no trecho conclusivo citado logo acima. O objetivo foi plenamente atingido.

As pessoas que foram afetadas pelo crime ambiental que vitimou a população de Brumadinho – equivocada e convenientemente qualificado como "tragédia" pela mídia corporativa – não surgem, nessas páginas, como uma mera sucessão de nomes que apenas dão substância a dados estatísticos.

Nem constituem as narrativas um mosaico destinadas a dar sustentação a cenários traçados de forma apriorística pela autora. Longe disso. São seres humanos complexos, com histórias repletas de sonhos, esperanças e frustrações. As histórias contadas pelas vítimas conduzem o texto, e não o contrário. No final, ficamos conhecendo, quase íntimos de uma gente que teve sua vida interrompida, mutilada, aviltada pela queda da barragem, algo que poderia, perfeitamente, ter sido evitado, não fosse a ganância e o desleixo dos responsáveis pela empresa Vale do Rio Doce. Foram, na verdade, vítimas de um desastre anunciado, e a autora alerta: centenas de barragens podem ter o mesmo destino, Brasil afora, caso providências não sejam imediatamente tomadas.

A autora, uma jovem formanda em Jornalismo, exibe uma formação precoce, uma sensibilidade excepcional e revela um domínio incomum da escrita. Sobretudo, é portadora de uma consciência aguda da importância assumida pelo narrador independente, pelo testemunho de profissionais da imprensa comprometidos com a busca da verdade e com a preservação da memória. Deixemos com a própria a palavra final sobre o significado de seu trabalho:

> Se eu pudesse escolher uma palavra para definir toda essa experiência que vivi, seria: memória. Tudo o que seu escrevi a partir dos depoimentos são memórias das vidas que se foram e que jamais poderão ser apagadas. E também a memória de amigos, familiares e profissionais de diversas áreas que tiveram suas vidas modificadas. (...) Nunca irei me esquecer do que vivi. E não quero. Esse com certeza é um rascunho de uma parte da minha vida, e de todos nós, que nunca será apagada.

Breve contexto histórico:

No dia 25 de janeiro de 2019, às 12h28min, a barragem B1, no Córrego do Feijão da mineradora Vale, se rompia na cidade de Brumadinho. A área administrativa e o refeitório da mineradora foram apenas uma parte afetada. Comunidades, bairros, estradas, pousadas, áreas de cultivos e pastagens foram cobertos pelo rejeito de minério.

O Ibama - Instituto Brasileiro do Meio Ambiente e dos Recursos Naturais Renováveis - aplicou uma multa à Vale no valor de 250 milhões pela ruptura da barragem.[2] No mesmo dia, o Tribunal de Justiça de Minas Gerais divulgou o bloqueio de 1 bilhão de reais da mineradora[3]. Depois o Tribunal subiu o bloqueio para 11 bilhões[4].

Além das mais de 200 mortes já identificadas, 19 pessoas, depois de mais de seis meses desde o dia do rompimento, ainda permanecem desaparecidas. A defesa Civil de Minas Gerais recebeu ajuda de bombeiros de várias regiões do Brasil e também do exterior. Tropas de Israel, 130 soldados, participaram do processo das buscas, além de oferecer equipamentos. Essa já é considerada a maior operação de salvamento do país[5].

Em 27 de janeiro é decretada a prisão preventiva de cinco suspeitos responsáveis pelo rompimento da barragem, sendo três funcionários da Vale e dois engenheiros da empresa

---

2 MINISTÉRIO DO MEIO AMBIENTE. Ibama multa Vale em R$ 250 milhões por catástrofe em Brumadinho (MG). Brumadinho: 2019.

3 TRIBUNAL DE JUSTIÇA DE MINAS GERAIS. TJMG determina bloqueio de R$ 1 bilhão de mineradora. Belo Horizonte: 2019.

4 TRIBUNAL DE JUSTIÇA DE MINAS GERAIS. Justiça estadual já bloqueou R$ 11 bilhões de mineradora. Belo Horizonte: 2019.

5 Nota enviada pelo Corpo de Bombeiros Militar de Minas Gerais.

TüvSüd Brasil contratada pela mineradora que atestou a segurança da barragem.

No dia 29 de janeiro, o Ministério Público de São Paulo e a Polícia Civil cumpriram os dois mandatos de prisão aos dois engenheiros[6]. Poucos dias depois, no dia 05 de fevereiro, O Superior Tribunal de Justiça (STJ) concedeu *habeas corpus*[7] para os presos e eles deixaram a prisão.

Depois da crise nas ações da empresa, críticas da opinião pública e pressão do Ministério Público Federal, o Ministério Público mineiro e a Polícia Federal, o Presidente da Vale, Fábio Schvartsman, foi afastado juntamente com três diretores. Fábio entrou na presidência da empresa em 2017 com o lema "Mariana nunca mais"[8].

Na data de 12 de fevereiro de 2019, o Tribunal de Justiça de Minas Gerais torna público o documento da Vale que indica que a empresa já sabia do risco do rompimento da barragem no Córrego do Feijão, e outras estruturas no Estado de Minas Gerais, em outubro de 2018[9]. Quase um mês depois, torna-se público que depoimentos dos funcionários e engenheiros coletados pela investigação reforçam que a Vale já sabia dos riscos desse rompimento[10].

No dia 20 de fevereiro, durante a terceira audiência de negociação entre a Vale e os Ministérios Públicos, Estadual e

6 Engenheiros que atestaram segurança de barragem em Brumadinho são presos. Isto É.

7 Engenheiros e funcionários da Vale presos pela tragédia de Brumadinho deixam presídio. Estado de Minas.

8 Presidente da Vale, Fabio Schvartsman é afastado do cargo, afirma revista. Correio Braziliense.

9 Documentos indicam que Vale sabia das chances de rompimento da barragem de Brumadinho desde 2017. G1

10 Depoimentos reforçam que Vale sabia dos riscos de ruptura da barragem de Brumadinho desde 2017. Estado de Minas.

Federal, além da Defensoria Pública de Minas Gerais, ficou determinado pelo Tribunal de Justiça de Minas Gerais que a Vale deveria pagar um auxílio emergencial a todos os moradores de Brumadinho e de outras cidades que tenham casas até 1 km de distância das margens do Rio Paraopeba. Adultos receberiam R$ 1 mil e R$ 300 por criança e adolescentes durante 12 meses. A Vale depois de argumentar que apenas os moradores de Córrego do Feijão e Parque da Cachoeira teriam este direito, foi afastada do processo de cadastramento das famílias que receberiam esta indenização[11].

No intuito de coletar depoimentos e fazer audiências para discutir projetos de leis para prevenção e tornar mais severa a punição a crimes como esses, surgiram comissões no sistema legislativo, tanto na esfera federal como na estadual. A Comissão Externa Desastre de Brumadinho da Câmara dos Deputados[12] tem por objetivo acompanhar e fiscalizar barragens existentes no Brasil, em especial as investigações relacionadas ao rompimento em Brumadinho. No dia 09 de maio, a Comissão aprovou um relatório final[13] com nove propostas de leis para intensificar a fiscalização a mineradoras e aumentar impostos de produtos de mineração.

Já a Comissão Parlamentar de Inquérito da Assembleia Legislativa de Minas Gerais, após investigar o rompimento da barragem em Brumadinho, apresenta no dia 17 de setem-

---

11 Justiça estipula que Vale pague verba emergencial a todos os moradores de Brumadinho. Brasil de Fato.

12 Comissão Externa Desastre de Brumadinho. Câmara dos Deputados.

13 Comissão de Brumadinho aprova relatório com nove projetos de lei para levar ao plenário da Câmara. G1.

bro o relatório[14] que pede indiciamento de 13 funcionários da Vale e da TÜV SÜD, além de uma centena de recomendações a órgãos públicos para evitar eventuais novos desastres na mineração. Três dias depois, a Polícia Federal indicia os 13 funcionários da Vale e da TÜV SÜD pela tragédia, sendo nenhum deles da cúpula da mineradora[15]. Os acusados são suspeitos de terem falsificado documentos para renovar a licença da barragem que se rompeu.

Segundo a Secretaria Municipal de Saúde de Brumadinho, a cidade chegou a ter um aumento de 80% no uso de ansiolítico e de 60% no uso de antidepressivos em comparação de junho de 2018 a junho de 2019. O Município ainda registra um aumento de casos de infecções respiratórias agudas e doenças de pele por exposição à poeira e à lama nos locais afetados[16]. O número de tentativas de suicídios também aumentou, principalmente entre as mulheres[17]. No primeiro semestre de 2019 foram registradas 39 tentativas pela Secretaria de Saúde: 28 entre mulheres e 11 entre homens.

A Organização SOS Mata Atlântica[18] faz análise do Rio Paraopeba e a qualidade da água é atestada como "ruim". Um mês depois da tragédia, a Organização finaliza as análises e conclui "recuperação e segurança hídrica da região são de difícil previsão".

---

14 CPI de Brumadinho da ALMG entrega a autoridades relatório que pede indiciamento de 13 funcionários da Vale e da TÜV SÜD. G1.

15 PF indicia funcionários da Vale e da TÜV SÜD por tragédia em Brumadinho. G1.

16 Nota enviada pela Secretaria Municipal de Saúde de Brumadinho.

17 Após lama, Brumadinho registra alta de suicídio e prescrição de remédios. Estadão.

18 SOS MATA ATLÂNTICA. Expedição Paraopeba Relatório. Brumadinho: 2019.

Segundo relatório[19] da Organização das Nações Unidas (ONU), desde 1985 até o ano de 2017 ocorreram nove tragédias envolvendo rompimento de barragens de minério no país. Ainda existem 3.543 barragens classificadas por Categoria de Risco e 723 barragens consideradas de "alto risco" no Brasil de acordo com relatório de Seguranças de Barragens, da Agência Nacional das Águas (ANA)[20] publicado em novembro de 2017.

Apenas 15 dias após o rompimento da barragem em Brumadinho mais duas cidades são parcialmente evacuadas com risco de novos rompimentos, Barão de Cocais e Itatiaiuçu[21]. A barragem de Barão de Cocais é da Vale e a de Itatiaiuçu de outra mineradora, ArcelorMittal. Dois dias depois, mais de 200 pessoas são evacuadas de Macacos, na cidade de Nova Lima, por risco de rompimento de barragem Mina Mar Azul, também da Vale[22].

Dia 29 de março, também uma sexta-feira, rompe uma barragem de rejeitos no distrito de Oriente Novo, em Machadinho D'Oeste, no Estado de Rondônia. Nenhuma morte foi registrada, mas cerca de 100 famílias foram afetadas[23]. No dia 17 de agosto de 2019 os moradores da cidade mineira de

---

19 UNITED NATIONS ENVIRONMENT PROGRAMME. Mine TailingsStorage: Safetyis no accident. Solicitado para a Organização das Nações Unidas Brasil em setembro de 2019.

20 AGÊNCIA NACIONAL DE ÁGUAS. Relatório de Segurança de Barragens 2017. Brasília: 2018.

21 Duas cidades de MG têm evacuação de moradores na madrugada por risco em barragens. Folha de S. Paulo.

22 Cerca de 200 pessoas são retiradas de casa em Macacos por risco de rompimento de barragem. Itatiaia.

23 Rompimento de barragens em Rondônia: o que se sabe até agora. G1.

Itabira[24] passam por um simulado de rompimento de barragens. A cidade abriga o mais importante complexo minerário da Vale no Estado de Minas Gerais.

24 Maior simulado de rompimento de barragens tem início em Itabira. Estado de Minas.

Quantos rompimentos ainda irão
acontecer? Até quando histórias
tristes irão se repetir?

Nota: Este livro traz depoimentos[25] de vítimas sobre suas memórias do dia 25 de janeiro de 2019, quando a barragem de minério se rompeu em Brumadinho. Vidas se foram, e as que ficaram foram alteradas e marcadas para sempre.

25 As opiniões expostas não necessariamente refletem às crenças e opiniões da autora.

Thiago, primo

"O luto é um processo, sabe?! Mas tudo isso foi tão intenso que bagunçou as fases conhecidas do luto... É um turbilhão de emoções para administrar... A gente acha que está bem... Mas pensa na vida a seguir... Nos rostos que não veremos mais e sequer nos despedimos. E isso dá uma rasteira na gente. Mas devagar... devagar as coisas se ajeitam".

Thiago acordou cedo apesar de estar de férias da faculdade de Medicina. Na verdade, Medicina foi sua segunda paixão, talvez a mais intensa, mas ao mesmo tempo mais demorada de assumi-la. Ele se formou em sistemas de informação logo após sair do colegial. Chegou, aliás, a trabalhar como técnico de informática para uma terceirizada, contratada pela maior empresa da sua cidade. Empresa essa que de alguma forma a família toda estava ligada. Tios por parte de mãe, depois por parte de pai, e primos de ambos os lados. Apesar disso, decidiu depois mudar o rumo, talvez do que se imaginava no início, e prestou vestibular para faculdade de medicina. Passou, mas na Bahia. Depois, conseguiu transferir para Passos, muito mais perto de sua cidade natal, e de onde toda sua família e namorada moram.

Mesmo ainda de férias da faculdade, Thiago tinha acordado cedo para fazer algumas atualizações em seu sistema de horticultores, negócio que possui atualmente. Acabou de resolver as pendências quase na hora dos seus sobrinhos chegarem para o almoço. Existia sempre este costume. Às 11h da manhã seus sobrinhos iam almoçar na casa da tia Cida, sua mãe. Após o almoço foi tirar aquele famoso cochilo, o "quilo", bem característico do mineiro. Na cama, ficou olhando as suas redes sociais e WhatsApp no celular. Nos grupos de amigos e familiares da cidade começou a circular a palavra barragem. Thiago voltou a prestar atenção quando começaram a falar que parece que tinha ocorrido algum acidente.

Thiago saiu apressado do quarto, foi para sala e ligou a TV. O pai estava tirando ainda o cochilo pós-almoço. Começou a passar na TV notícias de que a barragem do Córrego do Feijão havia se rompido. A mãe que estava ao seu lado vendo as manchetes na TV acordou o pai gritando. Seus irmãos e sobrinhos trabalham lá. Ela própria, em um sentimento de terror e angústia, tinha se esquecido dos próprios irmãos e também sobrinhos. No grupo da família e dos amigos começaram a aparecer muitas mensagens por segundo. Paulinho, seu pai, começou a ligar para os irmãos e sobrinhos, Cristiano e Luciano. A mãe em estado de choque, já em soluços, também ligava para seus irmãos. Thiago pegou o telefone e a primeira pessoa a tentar ligar foi seu primo, Gustavo. Não atendia. Viu que a última visualização no WhatsApp foi 12h17min. Ligou para a prima Letícia e ela também não atendeu.

Conseguiram falar com Cristiano, um de seus primos. Ele estava em outra mina que não tinha sido afetada. Apesar de uma primeira boa notícia, sua angústia e preocupação com o primo Gustavo só crescia. A cada "Tu-tuuuu-tu" do telefone, que não atendia, seu coração parecia bater mais forte. Às vezes ele estava dormindo, pensou para tentar se tranquilizar. Gustavo sempre depois do almoço tirava um cochilo no vestiário. Lembrou do tio Mário, pai de Gustavo. Ele deveria estar desesperado. Subiu na moto que estava estacionada na garagem e foi para a casa do tio. A ponte que tinha que atravessar estava interditada. Policiais pediam para as pessoas não ultrapassarem e que ficassem calmas.

Sem saber quanto tempo tinha se passado, Thiago ficou minutos, talvez horas, olhando para a ponte fechada. Parecia mesmo cena de algum filme, em que a visão fica em câmera lenta e, pela primeira vez, conseguiu emergir do mar de emoções dentro dele e olhar em volta. Pessoas pararam nas ruas. Algumas simplesmente se sentaram na calçada para recuperar o fôlego. Um senhor da gráfica no alto do morro do querosene, como era chamado, ali perto, chorava com o rádio ligado. Uma mulher passou do seu lado ao telefone e parecia ser enfermeira, disse que estava indo para a UPA ajudar com os feridos.

Outra mulher parecia desesperada no meio da rua, olhando assim como ele a ponte interditada. Ela queria saber como sair dali, apenas trabalhava na cidade e queria voltar para casa. Será que ela estava segura ali? Era alto o bastante para a lama não alcançá-la? Por um momento Thiago entendeu que não apenas ele estava perdido. Ninguém, nem os policiais, todos foram pegos de surpresa. Será que a lama se arrastaria ainda por qual distância e para onde? E se outras pessoas pudessem ser afetadas?

Frustrado, cansado, finalmente decidiu ligar a moto e dar meia volta. Voltou para a casa, a TV estava ligada alta, o pai e a mãe na sala, entre telefonemas para ter notícias dos outros irmãos, sobrinhos e as notícias na TV. Thiago sentou de frente para a TV e viu uma Major fazer o resgate de uma pessoa por meio do helicóptero. A imagem da TV começou a filmar a área afetada e foi quando Thiago pôde perceber a altura de tudo que estava debaixo da lama, ao ver uma parte apenas da estrutura ITM, que faz o tratamento do minério. Antes sem ter derramado nenhuma lágrima, Thiago começou a chorar.

Aos poucos, com o passar do tempo, algumas notícias boas iam chegando. Seus tios tanto de parte de mãe, como parte de pai, alguns estavam de folga, outros voltaram para casa antes da barragem se romper. Mas nada de notícias de Gustavo. Nem de Letícia, sua prima. Nem de Luciano e nem de André. Mais ou menos às 15h começaram a surgir notícias de que a ponte tinha sido liberada. Abriu o guarda-roupa, colocou algumas roupas na mochila. Foi até a despensa, colocou qualquer coisa de comida que tinha. Subiu na moto e foi direto para a casa do tio. O tio Mário, pai de Gustavo, tinha certeza que o filho estava no mato.

– Ele é esperto! Desde pequeno vocês todos brincavam no mato! Ele vai ter fugido antes... – disse o tio Mário para Thiago.

Decidiram em concordância mútua que deveriam sair de carro para procurá-lo. Ele, o tio Mário, as duas irmãs de Gustavo, Marcela e Aline, e o marido de Aline, Diego. Lecilda, mãe de Gustavo, permaneceu em casa para acompanhar as notícias da TV ou qualquer telefonema que pudesse dar pistas sobre seu paradeiro. Já eram 19h quando começaram a busca. Cada vez que escurecia, mais difícil era ver Gustavo ou qualquer outra pessoa. Com todos os vidros abertos do carro, as vozes diferentes de cada um deles entravam em uníssono para gritar o nome de Gustavo.

Passaram não muito tempo depois em cima de destroços da pousada que tinha sido totalmente encoberta pela lama. Logo estavam na frente do portão da mineradora, em que seguranças proibiram que o carro avançasse. Tio Mário explicou a situação para a moça. Ela deveria ter filhos, deveria saber como ele precisava procurar e estava preocupado com o filho. A mulher abriu o portão. Pararam o carro e desceram. Subiram em cima de caminhões, gritando na esperança ainda viva que Gustavo poderia ouvir e responder.

De longe, avistaram o carro de Gustavo. Saíram correndo em cima da lama e dos destroços. Gustavo poderia estar dentro do carro, pensaram. Ele poderia, ao invés de ter tirado o cochilo no vestiário, estar ali dentro. Nada. Nenhum sinal de Gustavo. O tio Mário lembrou que ele tinha saído atrasado para o trabalho naquele dia e brincou com o filho para não ir trabalhar aquele dia e tomar juntos uma cerveja no almoço.

Percorreram ainda pelo estacionamento à procura de Gustavo ou mesmo de outras pessoas que pudessem ajudar. De longe parecia ter avistado um corpo, mas era impossível prosseguir mais à frente. A lama já estava tão densa que quando Thiago foi se afastar o tênis de basquete que estava usando ficou preso na lama. Ele não entendia: a portaria, o pátio de sucata e o estacionamento não foram atingidos pela lama. O local em que as pessoas trabalhavam, que era mais próxima da barragem, foi atingido. Se o local tivesse sido construído ao contrário talvez tantas pessoas não estariam desaparecidas naquele momento.

No meio da escuridão, a luz dos faróis de um carro aparecia. O carro chegou devagar, parecia estar perdido. Thiago pensou que poderia ser alguém da empresa ou mesmo da polícia e que talvez a presença deles ali dentro poderia causar complicações.

O carro diminuiu a velocidade. Foi chegando perto deles e abriu o vidro. O rosto saiu da escuridão e na luz Thiago encontrou um rosto amigo: era Albanez, engenheiro que já tinha trabalhado na mineradora. Perguntou em desespero se tinham visto sua esposa. Responderam que não. Albanez contou que conseguiu achar um de seus cachorros vagando perto da área da casa. Estava encolhido no banco de trás do carro, em choque.

Juntos foram a pé ajudar a entrar na casa dele. Sua casa era em uma vila muito perto da portaria da mina. Sua casa já não existia mais. Ela foi levada totalmente pelo mar de rejeitos. A casa da vizinha ao lado tinha uma árvore atravessada no telhado. Ele continuou gritando pela esposa. Estava em exaustão como todos eles. Tio Mário perguntou se tinha onde ficar e se gostaria de ficar com eles. Ele disse que iria ficar na casa de parentes.

Foram embora. Angustiados e frustrados, se mantiveram em silêncio. Um silêncio mórbido mesmo, que já demonstrava o fim de uma esperança de encontrá-lo naquele dia. Uma hora que decidiram parar o carro, todos menos Thiago sentiram cheiro de rosas, como se tivesse derramado um perfume dentro do carro. Tio Mário disse que cheiro de rosas significava a presença da Virgem Maria, o que para ele demonstrou uma confirmação que Gustavo já estava ao seu lado, no céu. Mesmo sendo o único que não sentiu o cheiro, Thiago sentiu uma mistura de sentimentos: tristeza porque sabia que Gustavo poderia ter realmente partido, mas um sentimento de conforto, que ele estaria bem.

Ao chegar em casa, o tio atônito, com os olhos perdidos, disse com a voz já trêmula:

– Eu perdi meu companheiro de pesca... eu perdi meu filho.

Neste momento começou a chorar. Abraçaram todos ao redor dele para confortá-lo. Naquele momento, na verdade, todos eles precisavam de um acolhimento. Thiago, durante as lágrimas que não cessavam de escorrer pelo seu rosto, pensava em tudo que Gustavo ainda tinha para viver. Tudo o que ele tinha pela frente. Mas ao mesmo tempo se acolheu pensando que ele tinha vivido intensamente, de verdade.

Como dizia Renato Russo: “É tão estranho, os bons morrem jovens”. Esta frase nunca tinha feito tanto sentido antes para Thiago.

Ana Paula, esposa e irmã

" Os meninos aguentavam muito, sim. Era o ganha-pão da família e tudo, davam o sangue deles lá porque era o ganha-pão das famílias. Só que a empresa não dava o sangue por eles. Eles (empresa) tiraram o sangue deles".

Ana Paula conheceu André com seus poucos 14 anos. Atrás da Igreja, ele deu o primeiro beijo nela. Ela, em desespero, correu para casa e lavou a boca com sabão porque ficou com medo de engravidar. Depois de não muito tempo o namoro foi ficando sério, até que decidiram se casar. Guilherme chegou há quatro anos. No fim do ano de 2018, André pediu para Ana Paula tirar o DIU que ele queria ter outro filho, tentar uma menininha, quem sabe. Ele era um pai muito participativo, buscava Guilherme na escola, e fazia o jantar todos os dias, já que Ana Paula era professora na área rural e demorava para chegar em casa.

Já fazia algum tempo que seu contrato de professora tinha se expirado e ela havia parado de trabalhar. André, assim como os irmãos de Ana Paula, Cristiano e Luciano e os primos de primeiro grau, Leticia e Gustavo, trabalhavam na maior mineradora da cidade. Luciano havia entrado na empresa em janeiro de 2010 e dois meses depois entraram André e Cristiano.

Trabalhavam em áreas diferentes: André como operador de máquinas e Luciano como topógrafo. Por causa do trabalho pesado, André começou a apresentar muitos problemas na coluna, que chegaram a causar dores insuportáveis. Estava fazendo um tratamento médico com remédios que eram muito caros e que acabava pesando muito nas contas do mês da família, por isso Ana Paula queria voltar a trabalhar para ajudar nos gastos.

André não era muito a favor desta ideia, não achava que era bom para Ana Paula passar tanto tempo longe de Guilherme, filho deles, porque ela acabava, por causa da distância, chegando todos os dias muito tarde em casa. Mesmo assim, Ana Paula decidiu que iria falar com a responsável pela Secretaria de Educação do município para ver se ela conseguiria voltar a trabalhar.

Mesmo com este tratamento, André corria o risco de ter que fazer uma cirurgia de risco. Na quinta-feira à noite, no dia 24 de janeiro, Ana Paula e André logo após falarem da festa de Guilherme de quatro anos, que seria na chácara, estavam falando deste suposto procedimento que André poderia ter que submeter. Ana Paula não queria de forma nenhuma que ele fizesse, tinha medo que ele morresse. André, tipo sério, mas que fazia piada sobre tudo, disse que não era para ela ficar preocupada com a morte, porque ela é inesperada, que ele podia morrer no dia seguinte.

Mesmo tentando não parecer preocupado e fazendo piada para tentar descontrair a situação, Ana Paula havia percebido há algum tempo que André estava, sim, muito incomodando com estas dores. Ele teve que parar de jogar futebol e de brincar com Guilherme por causa disso. Ele havia apresentado atestado no trabalho. Inicialmente mudaram-no de área por um tempo, mas logo, na prática, ele havia voltado a trabalhar com as máquinas pesadas.

Já fazia também algum tempo que ele mandava algumas mensagens para ela, ou postava nas suas redes sociais, frases mais contemplativas, falando sobre recomeços. Uma das mensagens possuía uma linda foto com uma flor nascendo de uma pedra. Nesta mesma noite ele alterou seu perfil do

WhatsApp, colocando a frase: "Jesus é ressurreição e a vida que cria nele, viverá para sempre".

No dia seguinte, na sexta-feira, assim como todos os outros dias, André foi trabalhar. Ana Paula saiu de casa logo depois para falar com a responsável pela Secretaria de Educação da cidade, Sonia, irmã do prefeito, para ver se conseguia voltar a trabalhar. Sonia disse que ela deveria aguardar, que retornaria o contato com ela se surgisse uma vaga. Ana Paula saiu muito chateada por não ter conseguido renovar o contrato.

Mais ou menos 12h15min André ligou para ela. Ela estava nervosa, Guilherme chorando no banco de trás que queria sorvete e ela precisava parar para abastecer. Foi meio grossa com ele no telefone e disse que depois ligava, quando estivesse tudo mais tranquilo. Parou para abastecer o carro, mandou mensagem para ele no WhatsApp pedindo o CPF para o cadastro no posto para os benefícios. Ele respondeu logo em seguida com o CPF dele. Sua mãe, Cida, ligou para saber se ela e Guilherme iriam almoçar na casa de sua mãe, avó de Ana Paula. Só depois que tudo se tranquilizou, antes de chegar para o almoço, dentro do carro, que ela conseguiu mandar uma mensagem de áudio para André, explicando tudo o que tinha acontecido, que ela não conseguiu o novo contrato e que Guilherme estava chorando.

Depois de 12h28min as outras mensagens que mandou não foram mais visualizadas por André. Na hora não se preocupou, apesar dele sempre respondê-la em seguida. Pensou: "às vezes o chefe está perto, não está podendo mexer no telefone". Almoçou tranquilamente na casa da avó, quando por volta de 13h12min uma amiga ligou perguntando onde estava André. Ela achou já a princípio estranha a pergunta. “Como assim onde ele estava? Trabalhando, uai”. Pouco tempo antes tinha falado com ele. Já pressentindo algo ruim, perguntou o que tinha acontecido. Ela que até então, como todas as outras pessoas da família que estavam no almoço, não haviam ainda ouvido as notícias, ficou sabendo que a barragem da mina havia se rompido.

Mal desligou o telefone com a amiga e entrou em pânico. Começou a chorar, não sabia o que fazer. Ligou várias vezes no celular de André, mandou mensagens de áudio pedindo para ele retornar e nada. Pensou nos irmãos, Luciano e Cristiano que também trabalhavam lá. Cida, sua mãe, mesmo em estado de choque, ao pensar nos filhos e no genro, tentou acalmar Ana Paula. Não era possível que este rompimento tivesse atingido tantas pessoas, eles teriam fugido antes, com certeza. Mas nada do que a mãe e os outros familiares falavam alterava a agitação que Ana Paula sentia. No seu interior, uma dor terrível tomava seu coração. Sabia, tinha certeza, que algo tinha acontecido com ele.

Ana Paula foi com Guilherme para casa de sua mãe acompanhar a TV, ficar aguardando notícias, saber quem tinha sido encontrado, quantas pessoas. Nesse meio tempo, as outras notícias de amigos vinham chegando, como de seus familiares. Cristiano, um de seus irmãos, por sorte, estava acabando seu turno e estava trabalhando em outra mina, que ficava em cima da barragem que havia se rompido. Ele contou que viu tudo de cima, quando o mar de lama foi descendo e engolindo as pessoas embaixo, inclusive pensando se poderia ter atingido o irmão Luciano e seu cunhado, André.

Os dias passavam e Ana Paula perdeu totalmente a noção do tempo, não fazia diferença se era segunda, terça, quarta, de manhã, de tarde ou de noite. Ficou de cama, não conseguia levantar, fazer nada. Ao mesmo tempo ficava presa, ansiosa ao telefone, para receber qualquer notícia que fosse de André. Toda sua vida tinha virado de cabeça para baixo. Pela primeira vez iria ter que pagar as contas da casa, fazer as compras no supermercado. Com o tempo de convivência, André tinha ficado com a maior parte destes afazeres já que ele tinha maior prática e ela era mais tímida.

O sentimento de culpa com o filho era constante. Nos primeiros dias, ela tinha dificuldade de olhar para Guilherme porque lembrava muito de André. "Como ele era a cara do pai". Cida, sua mãe, era uma fortaleza para ela. Mesmo com o filho Luciano desaparecido, e o genro, foi ela quem manteve a família unida e cuidava de Guilherme. Tanto Ana Paula como Guilherme não queriam voltar para casa porque tudo ali dentro lembrava André. Ela decidiu se mudar para a casa da mãe e nunca mais voltar.

Guilherme acompanhava as notícias pela TV e perguntava às vezes o que tinha acontecido com o pai. Um dia pediu para mãe levar ele até a empresa onde sabia que tinha sido o acidente do pai. Junto com Cida e a prima Aline foram com ele até lá. Ana Paula já tinha explicado para o filho que o papai tinha virado uma estrelinha. Todas as noites Guilherme olha para o céu para ver o pai. Quando está nublado e o céu se mantém escuro, Guilherme chora. Ana Paula fala que assim como ele, nestes dias, o papai estava dormindo, por isso não era possível vê-lo. Numa noite muito estrelada Guilherme apontando para o céu contou para ela que as outras estrelas eram o tio Luciano, a tia Letícia, o primo Gustavo e os colegas de trabalho do papai.

Mesmo tão pequeno, a falta da presença do pai de forma tão abrupta teve consequências no comportamento de Guilherme. Ele teve uma fase agressiva com Ana Paula. Depois dela dar umas palmadas nele por ter desobedecido ela, Guilherme ficou nervoso. Disse que ia chamar o pai para dar uma "estrelada" nela. Ana Paula discordou. Com certeza o papai ficaria muito triste vendo tudo aquilo lá de cima, que agora um teria que cuidar do outro. Guilherme abraçou a mãe e começou a chorar. Ana Paula às vezes pega Guilherme emocionado, choroso, quando escuta uma música triste. Comenta que sente dor no coração, com saudade do pai, assim como ela.

Quatro dias depois, no dia 29 de janeiro, Ana Paula recebeu a ligação. A que ela estava tão ansiosa para receber, mas ao mesmo tempo a que mais temia. Haviam identificado André. Ele foi o primeiro corpo da família a ser encontrado.

Roberta, esposa

"Eu preciso acreditar. Miguel me falou isso: meu pai não morreu. Quando morre a gente enterra. Miguel me falou isso. Se eu não acreditar que vou enterrar, eu vou acreditar em quê? Eu acho que ele está no IML, nem que seja um pedacinho dele".

Luciano acordou como todos os dias às 05h40min da manhã. Tomou café para ir trabalhar. Roberta, sua esposa, passava todos os dias seu uniforme, pois ele não gostava do formato que a camisa tomava ao ficar no cabide. Naquela sexta-feira, dia 25 de janeiro, Luciano disse que ele mesmo ia fazer. Roberta riu: "você só pode estar doente!", brincou por ele querer passar a própria camisa.

Enquanto passava, pediu para Roberta estourar pipoca. Tinha visto os filhos comerem na noite passada, ficou com vontade e decidiu levar também para o lanche com os colegas de trabalho. Toda sexta-feira um colega levava um lanche para dividir com os outros. Aquela sexta era o dia de Luciano e ele estava animado. Tinha pedido para Roberta fazer bolo e até salgadinhos para a mãe, Cida. Parecia mais uma festa que iam fazer, comentou a sogra, e Roberta devido à empolgação que Luciano estava de levar todo aquele lanche para o trabalho.

Roberta conhecia perfeitamente, de olhos fechados, o marido. Afinal, se conheceram bem jovens, quando Roberta ainda morava com a família em Belo Horizonte. Se apaixonou, se mudou para Brumadinho e acabou engravidando aos 17 anos. Teve um aborto espontâneo, três meses depois engravidou de João Felipe, seu filho mais velho. Aos poucos foi aprendendo, principalmente com a ajuda da sogra, Cida, como fazer todos os afazeres da casa e como ser mãe.

No início não sabia trocar fralda direito, o que na verdade era um pequeno detalhe comparado com o que tinha que enfrentar, já que João Felipe foi um bebê difícil. Não parava de chorar um minuto nos primeiros meses. Com o sogro aprendeu a desossar galinha, o que até então não sabia fazer. Roberta e Luciano foram crescendo na companhia um do outro, sempre juntos. Queriam casar só no civil, o que desagradou muito a família que queria que eles casassem na Igreja. Além de João Felipe tiveram mais dois filhos, Maria Isabel e Miguel.

Assim como todos os dias, antes de sair para trabalhar Luciano passou no quarto de cada um dos filhos para dar um beijo e fazer um sinal da cruz na testa de cada um deles. Deu um beijo de despedida em Roberta e disse que ela não precisava abrir o portão, iria passar na casa da mãe para pegar os salgadinhos. Roberta saiu não muito tempo depois para levar o filho mais novo, Miguel, no psiquiatra. Tinham descoberto há não muito tempo que ele possuía um espectro autista. Mais ou menos às 10h30min da manhã, enquanto Roberta falava com o doutor, Miguel atendeu o celular da mãe. Disse que ela estava conversando com o médico e que depois ligava.

Roberta voltou para casa para arrumar o caçula e Maria Isabel para irem à escola. Era mais ou menos meio-dia e pouco quando Luciano ligou novamente. Ela que já tinha mandando os meninos para a escola, havia acabado de tomar banho e estava trocando de roupa. João Felipe, seu filho mais velho, saiu para pegar Márcia, sua namorada, na rodoviária. Luciano, sem conseguir falar novamente com Roberta, ligou para o filho. Ele, que já estava a caminho da rodoviária, disse que a mãe estava em casa, com certeza não tinha visto o telefone tocar. Roberta tentou ligar para Luciano, mas a linha estava ocupada. Sem conseguir falar com o marido, mandou uma mensagem de áudio para ele pelo WhatsApp, mas a mensagem não chegava e ele não respondeu.

Roberta estava lavando a louça, cantarolando na cozinha, quando João Felipe chegou apressado com Márcia batendo a porta de casa.

– Mãe, eu ouvi no rádio dentro do ônibus que a barragem da Mina se rompeu, mãe!

Roberta deu de ombros. Como assim a barragem se rompeu? Não era verdade. Tanto Luciano como seu cunhado, Cristiano, e tantos outros familiares da família de Luciano trabalhavam nesta mina. Já fazia nove anos que Luciano tinha sido contratado como topógrafo pela maior mineradora da cidade. Poucos minutos se passaram, a esposa de Cristiano, seu cunhado, ligou. Era verdade: a barragem tinha se rompido. Assim que desligou o telefone, Cida, sua sogra, ligou chorando, pedindo para que ela tentasse ligar para Luciano. Apesar de todo o clima tenso que foi se criando, Roberta se manteve calma. Tinha certeza que Luciano, medroso, preocupado do jeito que era, teria fugido antes, com certeza. Tinha certeza que ele ia aparecer.

À noite, sem ter recebido notícia alguma de Luciano, ainda estava esperançosa que a qualquer minuto ele entraria pela porta de casa, assim como havia saído naquela manhã. A angústia foi a dominando aos poucos, quanto mais o tempo insistia em passar, mais seu coração apertava. E se ele não tivesse fugido mesmo a tempo? E se ele estava ferido em algum lugar lá fora e ainda não o tinha socorrido? E se ele estivesse sozinho em um hospital e não tivesse ainda a localizado para avisar?

No dia seguinte, a primeira coisa que fez foi ir até a mina procurar o marido. Havia toda uma força-tarefa para impedir que os familiares das vítimas se aproximassem do local. Roberta, ao ver a destruição que toda a lama tinha causado, entrou em pânico. Ali, somente naquele momento, ela pensou que algo terrível poderia ter acontecido com ele. Em prantos, e mesmo contra a vontade do Corpo de Bombeiros, se aproximou ainda mais do local. Na tentativa de saber onde o marido poderia estar no momento do rompimento, ligou para o colega de trabalho do marido, Marcelo. Ele atendeu. Surpreso com a ligação dela, disse que não podia falar, estava ocupado e depois ligava. Não ligou. Demorou um mês para que esta conversa acontecesse.

A verdade era que Marcelo não sabia como falar com Roberta. O que falaria? Ele sabia que pelo local que o colega se encontrava, dificilmente ele teria fugido a tempo com vida. Por causa do lanche que Luciano levou naquele dia, ele acabou não almoçando com Marcelo mais cedo, meio-dia. Ia almoçar mais tarde. Estava no momento do rompimento guardando os equipamentos de topografia em um local mais baixo, como um porão, atrás de uma sala. Com este depoimento, Roberta conseguiu dar mais ou menos as coordenadas ao Corpo de Bombeiros onde o marido poderia estar.

Mas ali, naquele dia, e mais alguns dias depois, Roberta ainda mantinha a ideia de que ele ainda poderia aparecer. No domingo mesmo, enquanto almoçava na casa da avó de Luciano, Dona Conceição, outro colega de trabalho de Luciano ligou para ela. Tinham achado uma caminhonete com três pessoas vivas e que ele achava que uma destas pessoas era Luciano.

Desesperada ela ligou para uma sobrinha que mora em Belo Horizonte para que ela fosse em todos os hospitais da região que poderiam ter recebido Luciano, entre estas outras duas pessoas encontradas. Camila, sua sobrinha, foi aos hospitais de Betim, Contorno e Santo Agostinho. Havia realmente um paciente Luciano, mas não era ele.

Roberta tinha dificuldades para dormir à noite. Tudo dentro da casa, em que havia construído sua família com Luciano, a fazia lembrar dele. Ao mesmo tempo, não conseguia sair de casa: ficava ligada vinte e quatro horas pela televisão para ter qualquer sinal que fosse, acompanhando os boatos pelas redes sociais ou esperando qualquer telefonema.

Um dia teve que sair para fazer os documentos do filho mais novo em um posto de atendimento da empresa. Um dos vários que foram montados na cidade para que pudessem, assim como ela e os outros filhos, receber as indenizações. Na fila, ela ouviu uma mulher comemorando que iria ganhar o dinheiro também. Ela não tinha perdido ninguém da família, mas assim como todas as pessoas da cidade e da região ela ia receber seu dinheiro. Comentou com outra pessoa:

– Há males que vêm para o bem.

Roberta não aguentou. Saiu da fila e ficou de frente para a mulher. Ela não tinha o mínimo de respeito pelas pessoas que se foram. Vidas foram perdidas. Disse que só não ia para cima dela, como era de sua vontade, porque estava com o filho.

Por causa de acontecimentos como este, teve vontade incontáveis vezes de ir embora da cidade com os filhos. Tinha pensado em voltar para sua cidade natal, Belo Horizonte. Mas algo ainda a matinha ali. Aquela cidade que a havia abrigado fazia parte da sua história. Apesar de sua família, mãe e pai, morarem na capital, sua família já era a do marido. Era a sogra, que tinha virado uma mãe. Era a cunhada, Ana Paula, que tinha virado companheira de sentimentos, que passava assim como ela por todo aquele processo confuso de luto, sem morte, sem corpo.

As notícias, os jornalistas, os órgãos oficiais e a empresa tratavam Luciano, como todos os outros, como desaparecido. Mas não é verdade. Roberta sabia muito bem onde o marido estava, na empresa trabalhando. Morreu trabalhando, morreu colocando dinheiro na casa para a família.

A empresa um dia ligou. Ela não podia solicitar as indenizações que tinha direito sem o documento que provava a morte do marido. Foi aconselhada a solicitar um documento padrão que se faz em caso de desaparecimento, já que o corpo não tinha sido encontrado. Roberta negou. Não iria desistir de pressionar que achassem o corpo do marido para que desse o descanso merecido a ele.

– O que eu sou? Viúva? Eu não enterrei meu marido, não sou viúva! – disse em prantos a uma funcionária da empresa no telefone.

Era estranho uma morte sem enterro. Uma viúva sem marido, sem um corpo para se despedir. Maria Isabel, sua filha, chegou um dia em casa chateada pelos comentários dos colegas na escola. Perguntaram qual parte do pai, se seria o pé, a mão, seria encontrada. Tão brutal como a realidade que as crianças estavam vivendo dentro de suas casas, Roberta sabia que elas eram um reflexo de tudo que estava acontecendo.

Roberta não deixou de participar de nenhuma reunião, encontro, protesto, juntamente com as outras famílias que ainda procuravam o corpo dos seus entes queridos. Todo dia, em seu silêncio, fumando sozinha na varanda da sua nova casa, ela busca dentro dela alguma força para continuar acreditando[26]. Sem esperança ela não tem nada, nenhuma certeza que possa se apegar que ainda vão encontrá-lo.

Por isso ela tem fé. De olhos fechados ela consegue se lembrar das risadas que o marido brincalhão provocava nos filhos e sente saudade de tudo que viveram até ali. Sozinha agora, pensa em todos os planos e sonhos que ainda planejavam viver juntos.

---

26 O corpo de Luciano foi encontrado mais de oito meses depois do dia 25 de janeiro.

Roberta, Thiago, Ana Paula

No domingo, 20 de janeiro, o dia estava ensolarado, calor. Ana Paula, André e o filho Guilherme foram encontrar alguns integrantes da família no Clube da empresa em que o marido, o irmão e a prima trabalhavam. Ana Paula, a cunhada Roberta e a prima Letícia, entre risadas, falavam de alguma última fofoca da cidade, no gramado, enquanto André, seu marido, tentava mesmo com todas as dores na coluna jogar bola com o filho.

Letícia comentou que estava preocupada com o último treinamento que havia acontecido na empresa dias antes. Ela tinha engordado alguns quilos durante a gravidez de seu primogênito de seis meses e ainda não tinha conseguido emagrecer. O treinamento era para ter sido feito em cinco minutos e ela demorou 12. A empresa tinha justificado o treinamento para um caso remoto de rompimento da barragem. A orientação era que todos tinham que sair correndo para áreas determinadas e chegar às partes mais altas que não seriam afetadas.

Luciano, irmão de Ana Paula e marido de Roberta, chegou quando o assunto já tinha mudado. Na frente da irmã e da prima, Luciano falou para Roberta, sua esposa, que ela deveria parar de fumar. Roberta estava com um problema sério no pulmão, ocasionado pelo cigarro. Ele que não era de falar nada sentimental, ainda mais na frente das outras pessoas, disse que a amava e que ela não podia deixá-lo sozinho, nem os três filhos que tinham juntos. Todos se surpreenderam, principalmente Roberta. Luciano era o filho mais velho de três irmãos. Apesar de ser o piadista da família, era muito duro com seus próprios sentimentos. Tinha seu jeito, nem sempre tão explícito, para mostrar que amava Roberta e os filhos.

Passaram todo o resto do dia juntos. Rindo, brincando, fazendo planos e compartilhando sonhos. A festa de Guilherme de quatro anos, o desejo de engravidar novamente de Ana Paula e André, das primeiras dificuldades e felicidades da mãe de primeira viagem, Letícia, e todas as conquistas dos três filhos de Roberta e Luciano. Ali, naquele momento, nada era mais importante do que aquele momento.

Mal imaginavam que cinco dias depois o rompimento da barragem alteraria suas vidas para sempre e ali, naquele dia normal, ensolarado, seria a última vez deles, todos juntos.

No sábado, dia 26 de janeiro, um dia depois do rompimento da barragem, grande parte da sua família materna se encontrou na casa da vó Cida, como é chamada a mãe de Thiago. Apesar de ser a caçula da família, ela é como a matriarca mesmo. Aquela que todos os irmãos procuram para ter um colo, para se aconselhar.

Diferente de como eram os encontros normalmente, risadas altas, conversa fiada, o clima estava muito pesado. Eram quatro primos, do lado paterno, no total desaparecidos: Luciano, primo mais velho, Gustavo, Letícia e André. Todos acompanhavam as notícias pela televisão e principalmente pelos grupos de WhatsApp.

A cidade pequena, as pessoas se conheciam e, claro, as notícias circulavam muito rápido. Zezinho da padaria deu entrada no Hospital, Maria da barraquinha de fruta foi encontrada o corpo. Ao mesmo tempo em que as pessoas tinham realmente boas intenções, e se uniram como nunca para se solidarizar com parentes, amigos e vizinhos, muitas notícias falsas também circularam.

Thiago pensou que essa solicitude e ajuda com os outros mostrava de certa forma o que as pessoas estavam sentindo naquele momento e o que parecia para aqueles que vinham de fora: um luto coletivo. E era isso mesmo. Um luto coletivo porque todo morador da cidade de alguma forma foi afetado pelo rompimento. Pode não ter tido parentes próximos que estavam desaparecidos, mas conheciam com certeza alguém que estava.

Os tios, muitos que já trabalharam na mineradora, conversavam sobre os boatos de que não tinha sido um acidente. Era ACIDENTE, assim mesmo, com letras maiúsculas, que as manchetes dos jornais davam. Mas não era acidente, foi crime, foi falta de responsabilidade da empresa. Os boatos diziam que já se sabia que a barragem estava com risco de romper.

Já sabiam tanto que Luciano e André contaram para as esposas, Roberta e Ana Paula, que haviam sido chamados para tentar reparar algumas rachaduras no pé da barragem. Eles não faziam ideia do porquê estavam fazendo aquele trabalho. A chefia que os haviam chamado não explicou muito. Luciano, sempre desconfiado, decidiu tirar fotos do processo, mas que ele achava e falava para Roberta que para ele a barragem mais segura era aquela.

No domingo, dia 27 de janeiro, a cidade entrava em caos novamente. Uma sirene havia tocado e a vida, que de certa forma se seguia, era interrompida pelo fechamento de ruas e da ponte. Mais tarde, porta-vozes da prefeitura falaram para jornais locais que não era um teste. Já em entrevista para jornais internacionais falaram o contrário, que era um teste de sinalização da empresa. A verdade, segundo Thiago, é que ninguém parecia saber de nada. Ninguém estava preparado para nada. Policiais, bombeiros, os moradores e a própria prefeitura foi surpreendida por este alarme.

Depois deste dia, as lembranças de Thiago estavam nebulosas. O grupo da família que antes servia para compartilhar fotos, datas de encontros, se tornou meio de notícias de óbitos. Thiago foi a inúmeros velórios e enterros. Não só dos seus familiares, como também de parentes de amigos e vizinhos. Era estranho ouvir e até falar "graças a deus encontraram o corpo", pensou Thiago. Mas era realmente isso. O encontro do corpo dos desaparecidos trazia paz de certa forma para inúmeras famílias que ficavam na inquietação e na esperança de encontrar as pessoas com vida.

Pela primeira vez sua fé tinha sido fortalecida e abalada. Fortalecida porque acreditava cada vez mais que um milagre seria possível. Que pessoas mesmo depois de dias poderiam ser encontradas com vida. Era o que esperava para todos os seus primos. Vida. Thiago lidou por dias com a ausência de vida. Esperavam todos, não só ele, por uma boa notícia. No dia que as tropas de Israel chegaram à cidade para ajudar nos resgates, começou a circular em grupos de WhatsApp da família e amigos que alguém tinha sido encontrado com vida. Era mentira, jornais locais confirmaram. Mas esta mentira falava muito de todos eles, era o reflexo da própria esperança de encontrar sobreviventes.

O primeiro corpo encontrado da sua família foi de André, marido de Ana Paula. No dia 29 de janeiro ela recebeu a ligação. A que ela estava tão ansiosa para receber, mas ao mesmo tempo era o que mais temia. Haviam identificado André. Ligaram no seu celular, número que ela tinha deixado no Instituto Médico Legal quando foi levar fotografias e objetos para ajudar na identificação por meio do material genético.

Seu coração estava acelerado... Antes que dissessem qualquer outra coisa, pediram o código que confirmava que Ana Paula era parente, responsável por André. Foi até o IML com um tio do marido. Devolveram para ela a aliança. O tio entrou para identificar o corpo, que permanecia inteiro, não tinha sido desmembrado. O laudo era de traumatismo craniano e sufocamento com os rejeitos da mina.

Ana Paula não sabia o que estava sentindo e nem o que deveria sentir. O encontro do corpo do marido tinha sido um alívio, mas ao mesmo tempo uma dor insuportável, que confirmava sem dúvidas que ele realmente tinha partido. Toda a família compareceu a um velório rápido de caixão fechado atrás da Igreja. Por causa da contaminação dos rejeitos que os corpos entraram em contato, tudo deveria ser muito rápido, e logo o caixão era encaminhado ao cemitério para o enterro.

Thiago, que é um dos primos mais novos da família, temia o que iria dizer para Ana Paula quando a encontrasse naquela tarde. Sinto muito, meus sentimentos, nenhuma palavra ou expressão pareciam suficientes. Antes que pudesse dizer qualquer coisa, Ana Paula olhou nos olhos dele e Thiago a abraçou.

Mesmo com todo o processo de luto que agora, depois do enterro do marido, Ana Paula se permitia sentir, lutou para que modificassem o atestado de óbito do marido. No documento falava que ele havia morrido em "evento na cidade". Discordava Ana Paula. André havia morrido como um homem de família que era, foi morto dentro da própria empresa que trabalhava. Com a ajuda de uma vereadora de Belo Horizonte e com uma advogada ela conseguiu entrar com o processo para modificar para: "rompimento da barragem".

Poucos dias depois do enterro de André, o corpo de Leticia foi encontrado. Novamente toda a família se encontrou para mais uma despedida. Thiago sentia uma dor terrível no peito, eram tantos enterros, velórios, que a Igreja fazia velórios rápidos, de minutos a minutos, como uma linha de montagem em uma fábrica. O alto falante da Igreja São Sebastião no centro da cidade, que sempre tocava uma música para anunciar as mortes de moradores da cidade, havia ficado por um longo tempo em silêncio. Eram tantas mortes, que pararam de anunciar. Era comum ir visitar alguém e encontrar a casa vazia porque toda a família estaria em um velório e enterro.

Thiago olhava Christiano, marido de Letícia, desesperado ao se despedir da mulher dentro do caixão. Ele olhou para o pai e disse:

– Pai, agora é verdade... ela realmente se foi.

Foi em casa que Thiago recebeu a notícia que foi encontrado o corpo de Gustavo. No grupo da família noticiava mais um velório e um enterro. Tio Mário durante dias atrás tinha que levar até o IML, primeiro, informações se o filho tinha alguma tatuagem, tinha alguma mancha de nascença que pudesse identificá-lo. Depois, teve que levar escova de dente ou alguma roupa que Gustavo usou que não tinha sido lavada. No dia sete de fevereiro receberam a notícia do corpo do filho.

Gabriela, namorada de Gustavo, ainda não estava acreditando que tudo aquilo era real. Eles namoravam há seis anos. Iriam ficar noivos assim que a casa que estavam construindo ficasse pronta. Eles se conheceram por meio de Thiago. Eles se davam muito bem, eram melhores amigos, almas gêmeas mesmo. Gabriela e Gustavo já pensavam quantos filhos teriam e quais seriam seus nomes. Naquela sexta-feira fatídica, Gabriela estava trabalhando no centro da cidade, quando ficou sabendo do rompimento da barragem. Ligou para Gustavo, milhões de vezes, mas o telefone estava dando desligado. Desde esse dia ela acreditava que ele ainda poderia estar vivo.

Tinham tantos sonhos que ainda queriam viver. Além dele, sua tia, irmã de sua mãe, que também trabalhava na empresa, estava desaparecida. Neste dia que Aline recebeu a ligação que encontraram o corpo do irmão, Gabriela estava voltando da missa, estava entrando em casa. Ela fechou os olhos e disse que aceitava, que sentia que Gustavo tinha partido e que ela estava pronta para se despedir dele. Uma hora depois ela recebeu a ligação de Aline: tinham encontrado o corpo dele.

As irmãs, os primos, como Thiago e Gabriela, decidiram fazer uma homenagem para Gustavo. No dia anterior ao velório e enterro eles ensaiaram algumas músicas. Durante o ensaio, na casa de um amigo, emoções divergentes se convergiam: alegria e tristeza. No meio dos ensaios eles se lembravam do que Gustavo estaria fazendo. Com certeza diria:

– Isso está bom demais, uai!

Riam, mas com lágrimas nos olhos de pensar que agora seriam apenas lembranças. Gustavo era um músico nato. A família era, em sua maioria, muito boa em música. Parece que Gustavo herdou grande parte do talento, já que ele nunca havia aprendido a tocar nada e sabia de ouvido tocar uma música em diversos instrumentos.

No dia seguinte, dia do velório e enterro, muitas pessoas compareceram. Amigos, familiares, vizinhos. Não começaram até que Danilo, um dos primos de Gustavo, chegasse de outra cidade. O velório que na verdade era mais uma despedida rápida foi celebrada pelo bispo Dom Vicente. Entre as orações de todos ali presentes, e lágrimas, tocaram as músicas ensaiadas para a homenagem. A primeira música a tocar foi "Te louvo em verdade". Thiago cantou com a voz embargada, mais do que imaginou. Durante o sepultamento cantaram "Amigos pela fé". Thiago não conseguiu segurar a emoção e se calou. Seu silêncio foi pelas lembranças que foram surgindo. "Eu deveria ter feito alguma coisa? Eu deveria ter falado alguma coisa? Ele ia embora cedo demais. Antes que pudesse construir tantas coisas pela frente".

Thiago tinha certeza de uma coisa: Gustavo com certeza viveu tudo que tinha para viver. Ele era meio criança, meio moleque. Não no sentido irresponsável, porque não, ele era o contrário disso. Mas no sentido de viver a vida intensamente. Eles tinham passado tantas coisas juntos. Ele era muito mais do que primo para Thiago, ele era seu melhor amigo, um irmão.

A primeira coisa que Thiago fazia ao chegar em Brumadinho não era encontrar os pais, mas, sim, Gustavo. Ele às vezes ficava altas horas da noite pescando. Gostava muito mesmo de pescar. Seu apelido, contudo, não veio da pesca, mas da sua calma até na hora de chorar, quando criança. A mãe, Dona Lecilda, o apelidou de Jimura. Ao invés de chorar como toda criança, ele fazia uns murmúrios, parecendo o barulho de uma carroça velha. O apelido pegou tanto que Gustavo era conhecido e chamado pelos amigos e familiares de Jimura.

Durante o enterro, Thiago se lembrava das aventuras que tinha passado ao lado do primo. Com 19 e 20 anos, logo depois que Thiago tinha terminado o relacionamento com a sua atual noiva, Alice, Gustavo foi ajudá-lo a curar o coração partido. Foram acampar em um local ali perto da cidade. Por coincidência acabaram encontrando a prima Ana Paula que já namorava André na época.

Gustavo, que também estava solteiro, bebeu muito naquele dia. Já bêbado decidiu que iria pular no rio. Tentaram impedi-lo por estar tonto, mas não adiantou. Thiago desceu para pegar uma roupa no carro para Gustavo e foi o tempo dele sair andando de cueca na área do *camping*. Por fim, Thiago encontrou Gustavo em cima da trave do gol.

Mas não era só este tipo de viagem que Gustavo gostava de fazer. Ele fazia a Via Sacra. Sair de carro acompanhado de um amigo, parando em botecos em vários locais, para ir comendo a famosa "comida de boteco". Thiago tinha sido chamado para fazer um destes passeios históricos com ele. Compravam no fim uma linguiça muito famosa que depois davam para as mães cozinharem.

No sepultamento de Gustavo, Thiago lembrou-se das palavras do padre Iti, quando o visitou dias atrás. O padre tinha uma relação muito próxima com a família, o casamento de Letícia tinha sido celebrado por ele, e também o batizado de seu primeiro filho, Kauã. Antes, algumas semanas antes do rompimento da barragem, Gustavo foi visitá-lo. Ficaram tomando algumas cervejas, apesar de que o padre gostava mesmo era de uma boa cachaça. Conversaram sobre a vida. Gustavo era meio poético. Às vezes ficava muito tempo só apreciando o pôr do sol e via beleza em pequenas coisas, que às vezes para outras pessoas passavam despercebidas. Para o padre Iti, ele tinha feito sua despedida naquele dia.

Haviam encontrado o corpo de André, Letícia, Gustavo, mas nem sinal de Luciano. Ana Paula e Roberta foram chamadas pela mineradora para tentar fechar um acordo individual em relação à morte de André e Luciano, ambos funcionários da empresa. Eles ofereceram uma grande quantia de dinheiro na indenização, além do salário mínimo que todos da cidade receberiam e o plano de saúde vitalício.

Roberta não conseguia se conter na reunião. O corpo de seu marido, irmão de Ana Paula, não tinha sido encontrado, Ana Paula tinha acabado de enterrar o marido e eles estavam colocando preços por aquelas vidas. Como calcular quanto eles valiam? Aquele dinheiro melhoraria o sofrimento causado por todas aquelas mortes na família? Não fecharam acordo algum.

Roberta e Ana Paula sabiam que uma hora ou outra, sozinhas agora para cuidar dos filhos, iriam precisar de dinheiro. Mas não queriam aceitar aquele dinheiro, sujo, que causou tanto sofrimento. Este dinheiro era uma maldição. Mostrava o pior lado das pessoas. Tantas histórias ouvidas por Roberta e Ana Paula de pessoas que tentavam se tornar vítimas para receber mais dinheiro.

Uma parente de Ana Paula havia ligado várias vezes para pegar o documento de óbito de André para receber mais dinheiro. Uma parte da família que nunca se importou, mas agora estava ligando por conta das indenizações. Mas não eram apenas problemas dentro das famílias, o assunto do dinheiro chegava dentro das escolas. Na sala de Maria Isabel, filha de Roberta de onze anos, as crianças competiam para ver qual família ia ganhar mais dinheiro com as indenizações da empresa.

O dinheiro havia virado um problema, mas ao mesmo tempo um silenciamento consentido de denúncias por muitas pessoas da cidade. Roberta se revoltava vendo algumas postagens nas redes sociais, tinha vontade de escrever para os defensores da empresa que eles deveriam vir até a casa dela e tentar explicar para seus filhos o que a empresa tinha feito com o pai deles. E nada, nenhuma notícia de encontrar o corpo de Luciano. Mas Roberta não iria desistir.

Dia 28 de fevereiro, três dias depois de um mês que completava do acontecimento, Guilherme, filho de Ana Paula, tinha pegado o celular da mãe enquanto ela dormia. Apesar de não saber ler, conseguiu achar o telefone do pai, pela foto e mandou algumas mensagens de áudio para ele. Falou que o amava. Que a mamãe tinha falado que ele tinha virado uma estrelinha, titio também. Ana Paula no dia seguinte ao pegar o celular, ao abrir o WhatsApp viu que tinha uma mensagem para o marido, foi quando viu e ouviu o que o filho tinha enviado para o pai.

Os meses foram passando e pararam de falar da tragédia na televisão. A cidade tentava voltar à normalidade, apesar de que em todo canto, seja na entrada da cidade ou em muros, frases de protestos contra a empresa lembravam constantemente o ocorrido. Cristiano, irmão de Luciano e Ana Paula haviam voltado a trabalhar na empresa três meses depois. A mesma empresa que havia matado seus dois primos, Leticia e Gustavo, seu cunhado, André e seu irmão, Luciano, que ainda não tinha sido encontrado. Apesar da dor que sente ao olhar a antiga barragem, ele precisa voltar a trabalhar.

Roberta, Ana Paula e Thiago esperam que o responsável por toda aquela tragédia seja punido, apesar de acharem que isso não vai acontecer. Esperavam que tudo aquilo servisse de lição para que a empresa mudasse a forma como tratava seus funcionários, aqueles que eram os responsáveis por ajudar os lucros aumentarem para o contentamento dos acionistas. Quantas vezes seus próprios maridos não haviam se machucado durante o trabalho e escondiam para que não fossem demitidos? Isso acontecia frequentemente.

A mineradora não apenas deixou que seus próprios funcionários morressem embaixo da lama, como tantas outras pessoas. Como um rio todo, como afetou para sempre a vida de milhares de vidas, como a de Roberta, da Ana Paula, de Thiago e de toda a família. O tempo passava, mas a dor não diminuía para nenhum deles.

A dor da perda, do medo do esquecimento e da distância. Luto, já sabiam eles, que essa dor iria permanecer meses a fio. E parece impossível que um dia ela vá embora por completo.

Adilson, morador

"Pela experiência que a gente teve com Mariana (...) acho que não. Mas acho que depende muito de quem vai ficar aqui. Porque se a maioria (das pessoas) sair, creio eu que isto aqui não vai ficar valendo nada (...) vai ficar minoria e uma pobreza *desgramada*".

O Parque da Cachoeira, assim como o Córrego do Feijão, é um bairro na zona rural da cidade. Adilson é presidente da Associação dos moradores da região há dois anos. Apesar de não ter nascido ali, como muito de seus vizinhos, pelo seu ímpeto de ajudar as pessoas em volta e por incentivo dos próprios moradores decidiu montar uma chapa e se eleger. A função da Associação é representar os moradores, levando demandas da região para a prefeitura. Tinham muitas. Começando pela estrada de terra que liga a cidade à região que poderia ser asfaltada.

A vida era pacata, do jeito que Adilson sempre sonhou. Depois de sair da capital mineira, onde nasceu, se mudou para Brumadinho. Um dia, a caminho do trabalho, avistou aquele lugar. Era ali que finalmente poderia ter a sua casa, sua terra, sem dividir o muro com alguém. Criar galinhas, plantar, ter suas coisas. O campo de futebol e o corregozinho faziam a felicidade das crianças e dos adultos. Aos poucos foi construindo sua casa, junto com a sua família. Casado com Maria teve três filhos.

Depois de ter trabalhado com um pouco de tudo, como motorista de ônibus, pedreiro, motorista de caminhão, agora ele tinha dois estabelecimentos de comércio no bairro. Ao perceber que tinha compradores, os rancheiros que alugavam ranchos da região perto do rio, durante feriados e finais de semana, ele abriu uma loja de material de construção e um mercadinho, onde podia se achar de tudo um pouco. Sua esposa era quem ficava no caixa cuidando do mercadinho. Embaixo do estabelecimento, por meio de uma escada, era onde a família morava.

Naquela sexta-feira, dia 25 de janeiro, ele foi buscar o sobrinho no hospital em Belo Horizonte, que estava há um tempo internado com leptospirose. Quando estava voltando, uma senhora da região ligou: uma poeira estava vindo da barragem. Adilson se lembrou rápido dos últimos acontecimentos. Uma das maiores empresas de mineração da cidade tinha marcado algumas reuniões no último ano. Argumentavam que era obrigatório, por uma questão de segurança depois do rompimento que aconteceu em Mariana. Iriam fazer um treinamento com os moradores, assim como tinham feito no Córrego do Feijão.

Não muito tempo depois, funcionários da empresa tinham passado ali pegando documento e medindo terreno dos moradores que tinham casa perto do rio. Na sua casa mesmo, com a sua família, perguntaram quantas televisões tinham. A mina ficava a 12 km do bairro, era muito longe para atingi-los ali, era o que muitos diziam. Apesar de ser possível que um rompimento acontecesse, a empresa dizia que não eram para se preocupar, mas era isso. Alguma parte dentro dele sabia que algo muito ruim tinha acontecido. Mandou a senhora sair de casa com a família e ir para uma parte mais alta.

Ligou para a família e mandou todos saírem. Lembrou de Dari, amigo e vizinho da região. Sua sogra era obesa mórbida e talvez tivesse dificuldade de sair de casa. E se as casas deles fossem atingidas? Tentou ligar para eles, mas não estava chamando. Tudo tinha virado um caos, ficou com a sua família numa área mais alta. Sua casa não foi atingida naquele dia. Infelizmente, toda uma rua, em que moravam diversas famílias perto do rio, já não tiveram esta sorte. A casa de Dari tinha ido embora. De Adélia, sogra dele, tinha ido embora. Não eram apenas casas: eram plantações, criações de galinhas, tudo tinha sido levado pela lama.

No dia seguinte já se percebia a mudança de comportamento das pessoas. Todos estavam tensos. No olhar de cada amigo, vizinho, parente, era possível ver uma dor dilacerante. Não só casas da região tinham sido destruídas, como muitos familiares estavam desaparecidos. Ele lembrou que muitos anos atrás, quando a mineradora chegou na região, muitos de seus amigos caminhoneiros, como ele na época, aceitaram a proposta de trabalhar lá. Prometiam um salário mais alto do que a média e alguns benefícios. Ele não quis, chegou e pensar várias vezes, mas não era este tipo de vida que queria para ele. Seu presente e seu futuro poderiam ter sido muito diferentes, pensou. Todos seus amigos que foram trabalhar na empresa estavam desaparecidos.

Dari, seu amigo e vizinho que perdeu a casa, contou que estava no quintal, conversando com a sogra, Adélia, quando ouviu um barulho. Adélia gritou para que Dari pegasse a sobrinha, criança que estava sozinha dentro de casa vendo televisão. Foi questão de segundos. De cima, do alto do morro, Laurane, sua esposa, filmava a lama chegando perto de sua casa.

Foram pegos todos de surpresa. Não conseguiram salvar nada. Inclusive a cachorrinha Jade que tinha ficado para trás. Tornou-se um mistério para a família e conhecidos próximos de como Adélia tinha conseguido fugir. Ela que já estava com muita dificuldade de locomoção, por causa do seu peso, no desespero tirou forças de dentro dela para correr. Dari tinha voltado no dia seguinte para ver sua casa. Salvar alguma coisa, quem sabe. Nada. Tudo tinha virado lama. Onde horas antes era sua rua, com diversas casas como a dele, tinha se tornado uma imensidão de lama. Por sorte tinha proibido os filhos de nadar no rio naquele dia. Talvez se tivesse deixado, como costumavam fazer, seus filhos poderiam não estar ali naquele momento.

Todos da cidade, inclusive ele, só pensavam e falavam da tragédia que tinha acontecido. Era difícil pensar que algo mais poderia acontecer. Dois dias depois, na madrugada do domingo, Adilson acordou com um barulho. Achou que pudesse ser a geladeira barulhenta. Subiu as escadas para ver o que era, quando o barulho ficou ensurdecedor. Abaixou no chão. Gritou para que Maria e seus filhos saíssem de casa. Pegou a filha mais nova e foram todos para rua. Era outra barragem? Diferente de sexta, o terror tinha sido diferente. Naquele dia, todos os moradores foram pegos de surpresa, nenhum alarme tinha tocado. Já no domingo, todos foram acordados de madrugada com a sensação iminente de que outro desastre como aquele poderia ocorrer.

Mais tarde, naquele mesmo dia aconteceu uma reunião com funcionários da mineradora, Ministério Público, moradores da região e muitos jornalistas. Ele pensava e perguntava de Mariana: se todas aquelas pessoas não tinham recebido suas indenizações, como eles esperavam que iriam receber? Por mais que acreditasse que a justiça era o único meio de fazer a empresa pagar por suas ações, sabia que tudo seria um processo lento e burocrático.

Dia após dia ficava mais comum ver caminhões de mudança. Muitas, muitas famílias foram embora. Nos meses que se seguiram, ele também pensou em ir embora com a família, várias vezes. Deixar tudo aquilo que um dia tinha sido sua casa para trás. Os turistas com medo pararam de ir para a região, nos ranchos. As vendas diminuíram em suas lojas. Antes, o mercadinho que ficava cheio de pessoas, tinha se tornado um ponto de encontro para ele e os moradores ficarem vendo as notícias na televisão. Maria no caixa, com os olhos cheios de lágrimas, ficava relembrando de como era tudo antes.

Lembrava das crianças no campinho jogando bola, dos ranchos cheios de turistas que iam aos finais de semana no mercadinho comprar bebidas e comidas. Os vizinhos se encontravam e não precisavam de muito para uma prosa, uma fofoca surgir. As cadeiras de fora das casas, no fim da tarde, era motivo de evento, ficar vendo as pessoas passarem na rua. Agora, muitas pessoas estavam sem teto. Dari e sua família, como Adélia, estavam morando em casas alugadas pela empresa. Muitas outras famílias que tinham perdido tudo também estavam.

Adilson ficava horas às vezes conversando com muitos moradores que o procuravam. A justiça era lenta, argumentava. Mas dentro dele tinha medo. Medo que fossem esquecidos. A televisão que antes dava as notícias parou de falar do crime que havia acontecido ali. Parecia que a empresa conseguia comprar tudo a sua volta, juízes, políticos. Nenhuma punição havia acontecido realmente.

Adilson pensava em Mariana. Em como tinha visto tudo pela televisão. Lá parecia tão distante. Nunca imaginou que chegaria tão perto assim da sua realidade. Chegou, levando tudo sem dó, pela frente.

Neiva, mãe

"(...) A Vale é uma empresa necessária para Minas Gerais. Minas Gerais precisa de mineração (...). Como é que você tira uma empresa que dá milhares de empregos? Em si, a Vale não tem culpa, não. O ganancioso, o diretor, os gerentes, os fiscais, para aqueles ali é que precisa tomar atitude e ser punidos(...)".

Dona Neiva trabalhava há muitos anos em um condomínio no Córrego do Feijão. Capinava, construía fossa séptica, colocava cerca, tudo que precisassem para ganhar dinheiro para sustentar sua família. O marido Cheroso[27] a mesma coisa. Pediam carona na beira da estrada para algum caminhoneiro das mineradoras da região para chegar até o local, que era bem distante de sua casa.

Ela, o marido e três de seus sete filhos moravam com ela. Eles tinham uma terrinha boa, bem perto do Rio Paraopeba. Tinham criação de galinhas, de patos e uma das coisas que ela mais gostava, sua horta. Seus netos, sobrinhos, vinham todos no final de semana para nadar no rio. Cheroso pescava, o que era a principal alimentação da família, peixe, sempre servido no almoço e no jantar.

Naquela sexta-feira, dia 25 de janeiro, tinham avisado ao marido que não iria com ele para o trabalho. Precisava lavar roupa, cuidar da casa. Estava terminando de colocar as roupas no varal, indo preparar o almoço, quando Washington Luciano, seu filho mais velho, ligou. Dona Neiva estranhou a ligação naquela hora do dia. O filho trabalhava para uma empresa terceirizada para uma das maiores mineradoras da região. No telefone, com a voz trêmula e a respiração acelera-

27 Cheroso: apelido de como é conhecido e chamado por familiares e amigos.

da, ele contou que a barragem tinha se rompido. Ligou para avisar que estava bem, apenas tossindo um pouco de sangue. Ele e mais dois colegas tinham conseguido fugir a tempo e subir na parte mais alta.

Assim que desligou o telefone, Luciana, uma de suas filhas ligou desesperada. A barragem tinha se rompido. Tinha tentado falar com a irmã, Jussara, e não tinha conseguido. E se a pousada que ela trabalhava tivesse sido atingida? Antes que pudesse responder, seu filho Jonathan entrou em casa desesperado, chorando. O que teria acontecido com o seu irmão Washington Luciano que trabalhava na mineradora? Ela avisou que ele tinha ligado e estava bem. Tentou ligar para Jussara várias vezes. Seu telefone já estava dando desligado.

Uma de suas primas de Belo Horizonte ligou:

– Ligue a televisão agora! Na Record, agora!

Dona Neiva ligou a televisão. O que Jefferson, seu outro filho, fazia no meio da lama? Ligou no celular dele: não atendeu. Pela televisão ela viu que ele estava ajudando no resgate de uma mulher. Jonathan, seu outro filho que estava com ela, em desespero falava que eles tinham que sair da casa. Moravam muito perto do rio e poderiam ser atingidos pela lama. Ela não sairia dali. Não iria abandonar sua casa. Alguns aproveitadores ainda poderiam com toda a confusão roubar as coisas que ela custou a comprar e a ter. Não sairia dali.

Dona Neiva ficou com a televisão ligada durante horas acompanhando as notícias. Tentava ligar para Jussara e nada. Jefferson chegou batendo o portão da casa. Estava cheio de lama, da cabeça aos pés. Na correria no intuito de salvar pessoas, nem se deu conta de que aquela lama com minério poderia fazer mal a sua saúde. Assim que saiu do banho contou para a mãe o que tinha acontecido.

Naquela manhã, estava com a namorada no centro da cidade fazendo um ultrassom para confirmar uma possível gravidez. Tinha ligado para a irmã Jussara logo depois que saíram da consulta. Ele estava de mudança para o Córrego do Feijão, região em que ela morava. Jussara estava no trabalho, era camareira de uma pousada. Estava treinando uma substituta para ficar no seu lugar, já que iria sair do emprego no dia primeiro de fevereiro. Depois de alguns cursos de *design* de sobrancelhas, finalmente ela iria concretizar um sonho: abrir um salão na sua casa, onde seu marido já tinha uma barbearia.

Para dar dicas para o irmão sobre sua mudança, ela tinha falado para eles se encontrarem durante seu horário de almoço. Jefferson pegou uma carona com um caminhoneiro que estava indo para a região da pousada para encontrá-la. Durante o caminho, outro caminhoneiro passou uma mensagem para o motorista: uma barragem tinha se rompido. Parece que tinha causado grande destruição e ainda poderia atingir outras áreas. Jefferson pensou logo na irmã Jussara.

A pousada não ficava tão perto da mineradora, mas se tivesse atingido quatro lagoas, segundo os boatos, a lama poderia ter tomado velocidade e chegado até ali. Mandou mensagem de áudio avisando para que ela saísse do local. A mensagem não chegou. O motorista parou o caminhão, não iria seguir até ter notícias que já estava seguro. Jefferson não pensou duas vezes: saiu do caminhão e correu mais ou menos 5km até chegar na região onde era a pousada.

Não existia mais nada. Ele tinha chegado tarde demais, tudo já tinha sido levado. Uma motocicleta veio em alta velocidade, quase o atropelando. Era seu amigo Michel que estava procurando o irmão, que também trabalhava na pousada. Andaram por ali gritando o nome dos irmãos até que avistaram uma mulher. Ela estava em cima de uns troncos de árvores, imóvel. Jefferson e Michel conseguiram chegar até ela, já que a lama não estava tão profunda naquele local.

Ela em desespero pediu para achar Talita e Laís. Gritavam seus nomes, até que avistaram outra mulher, era Talita. Na região em que ela estava a lama estava muito densa. Mesmo assim, na adrenalina eles entraram e ficaram com a lama até o pescoço, era como nadar em uma substância muito densa. Um helicóptero do Corpo de Bombeiros começou a sobrevoar a região. Jefferson e Michel ajudaram a colocar a mulher dentro do helicóptero. Todo este resgate tinha sido televisionado ao vivo por outro helicóptero de um veículo de televisão. Dona Neiva tinha assistido horas atrás o resgate.

Jefferson não conhecia aquelas mulheres. Depois descobriu que Alessandra, a primeira mulher que ajudou a salvar, era esposa de um conhecido dele. Ela tinha quebrado apenas um dos braços. Já Talita, a outra mulher que também trabalhava na pousada como Alessandra, tinha quebrado a bacia e o fêmur. Apesar de salvar a vida destas duas mulheres, infelizmente não tinha encontrado Jussara.

No fim da tarde, mais ou menos às 18h, Washington Luciano, seu outro filho, chegou. Também coberto de lama, ele foi tomar um banho e foi sozinho de táxi para a Unidade de Pronto Atendimento (UPA) para que fosse atendido. Ele estava transtornado. Tinha vivido tudo aquilo de perto. Contava que os bombeiros demoraram muito para chegar. Ao invés disso, policiais se aglomeraram no local. Pareciam que eram bandidos, isso sim, e não sobreviventes pelo número de policiais que ali estavam. Ele contou que até as 14h, sem resgate, ainda se podia ouvir gritos de socorros de pessoas que estavam presas na lama.

Durante toda a madrugada, Dona Neiva não conseguia dormir, fazer nada. Tinha sido um dos piores dias da sua vida. Tentava acalmar todos os filhos, se desdobrava para que pudesse aguentar tudo sem passar seu desespero para eles. Vendo as notícias na televisão, pensava o tempo todo em Jussara. Ela e a filha Luciana se revezavam para cuidar de Washington Luciano, ele não estava bem. Tinham algumas crises de pânico, lembrando do que tinha vivido. Viu pessoas sendo engolidas pela lama e não conseguiu fazer nada. Avistou de longe um de seus colegas de trabalho com a mão estendida. Ele e os outros dois colegas sobreviventes tentaram de tudo para alcançá-lo, mas por causa da densidade da lama era impossível chegar até ali.

Ele tinha sobrevivido por sorte. Trabalhava na mina por meio de uma empresa terceirizada que fazia a montagem dos andaimes. Estava em cima de um contêiner, de costas para a barragem. Estava de capacete e abafador de ruídos. Não tinha ouvido nada. Quando olhou para baixo, viu um monte de pessoas correndo. Sua primeira reação foi pensar que era um dos tratores de estrada que perdeu freio. Algum acidente assim, que já tinha ocorrido antes.

Quando virou para trás para tentar entender o que estava acontecendo, levou a primeira pancada de lama nas costas. Um dos dois colegas que estava com ele levou uma pancada de lama na cabeça e começou a sangrar. Gritando, em desespero, pediu para ele e Washington Luciano seguirem e o deixassem para trás. Ele foi ajudando o amigo a sair dali e ficaram os três em cima do contêiner, segurando. Assim que a lama passou, eles tiveram que tentar passar por cima de tudo que foi atingido pela lama, maquinários, estruturas de concreto, engatinhando para conseguir fugir, até chegar na parte mais alta da mina.

No sábado, dia seguinte, a empresa terceirizada que ele trabalhava ligou para falar com ele. Parece que dos 50 funcionários, apenas seis, contando com ele, tinham sobrevivido. Todos os outros estavam desaparecidos. Pediram para contar exatamente em que local ele estava e se lembrava de outros colegas para que pudesse ajudar na localização para os bombeiros. A mineradora mesmo nunca chegou a ligar. Não chegou a prestar nenhum tipo de socorro para ele e o irmão Jefferson que tinha entrado em contato com a lama ao ajudar no resgate daquelas duas mulheres. Nunca chegou a ligar para falar de Jussara que estava desaparecida.

Na madrugada de domingo, todos da casa acordaram com um barulho de guerra: era uma sirene. Gelson, genro de Dona Neiva, marido de Jussara, ligou para ela gritando:

– Saiam todos da casa! Corram! Outra barragem vai se romper!

Dona Neiva, juntamente com seu marido Cheroso e os filhos, não saíram de casa, mas ficaram todos acordados na sala, em alerta. Qualquer barulho mais próximo, fugiriam. Soltaram todos os animais, as galinhas, patos, cachorros, para que caso fossem atingidos, eles conseguissem fugir. Não chegaram a avisar nada, se o risco de outro rompimento tinha passado. O que sabiam por grupos do WhatsApp era que tinha sido um alarme falso.

Era estranho que na sexta-feira, o dia que a barragem se rompeu, nenhum alarme tinha sido disparado. Washington Luciano tinha ficado sabendo por outros sobreviventes que o alarme não tinha tocado, pois tinham desativado para explodir dinamites em outra mina acima da Mina do Feijão. O que não esperavam, talvez, é que o abalo causasse o rompimento da barragem, que já estava instável. Parece que muitos funcionários já sabiam que ela corria este risco. A empresa esperava que a barragem fosse se romper no dia seguinte, no sábado, atingindo menos pessoas.

Em setembro, quatro meses antes, os moradores do Córrego do Feijão tinham passado todos por um treinamento. Jussara e uma das irmãs de Dona Neiva que moram na região chegaram a contar o ocorrido, despreocupadas. A empresa tinha justificado que era apenas um treinamento padrão. Os funcionários da pousada também tinham passado por este mesmo treinamento.

Infelizmente, pelos relatos de amigos de Dona Neiva e dos familiares, o treinamento avisava para as pessoas se protegerem em uma região que foi uma das mais afetadas. Em um pontilhão, onde passavam trens levando e trazendo minério, foi considerado seguro, sendo que tinha sido destruído pela lama. Dona Neiva pensava se Jussara chegou a ter tempo de correr. Será que alguém ali dentro viu e tentou avisar? Com os dias se passando, Dona Neiva já tinha perdido as esperanças. Em uma de suas conversas com Deus, ela disse que se conformava com a morte da filha.

No dia seis de fevereiro o corpo de Jussara foi encontrado. Contudo, a família só foi avisada cinco dias depois. Conseguiram identificar o corpo pela sua arcada dentária. Dona Neiva e seu ex-marido, pai de Jussara, foram avisados. Foram até o Instituto Médico Legal em Belo Horizonte, mas ela não quis ver a filha. Preferia lembrar dela pelas coisas boas que viveram juntas. Ela estava sempre com um sorriso no rosto. Tinha o dom de levar leveza e felicidade para as pessoas a sua volta.

A despedida do corpo, como todos os outros que tinham sido encontrados, era de caixão fechado. Contudo, 15 minutos, que era o tempo da despedida antes do enterro, não eram suficientes para a tristeza que estavam sentindo. Cheroso era padrasto de Jussara, mas tinham uma relação muito próxima, ele tinha muito carinho por ela. Ele que não era de expressar sentimentos, era o famoso homem rústico, mineiro da roça, se abalou muito com a morte dela. A família toda não sabia como dar notícia a Kayky, filho único de Jussara. Não falaram nada. Dona Neiva um dia, antes de encontrar o corpo, perguntou ao neto se ele sabia o que tinha acontecido com a mãe.

Ele contou que sabia porque o tio Jefferson tinha falado com ele pela televisão. Na noite de sexta-feira Jefferson deu uma entrevista para uma emissora de televisão falando dos seus regastes. Explicou que tinha ido encontrar a irmã que estava desaparecida. Foi assim que Kayky ficou sabendo que a mãe estava desaparecida.

Não havia ainda se passado nem um mês depois da morte de Jussara, Dona Neiva ficou sabendo de um processo judicial. O ex-marido da filha, pai de sangue de Kayky, tinha entrado com um processo para pegar a guarda do menino. O pai nunca tinha convivido e não tinham muito contato. Kayky era ligado muito ao padrasto, Gelson. O pai na verdade queria a guarda porque tinha visto na televisão que toda vítima receberia dinheiro e os benefícios das indenizações da mineradora. Dona Neiva solicitou um advogado e pediu a guarda do neto. Ele já tinha perdido a mãe, não deixaria que ele perdesse o convívio com o padrasto e com a família dela.

Com todos estes problemas, Dona Neiva parou de trabalhar. A estrada que a levava, juntamente com o marido para o condomínio, onde conseguiam fazer bicos para ganhar dinheiro, tinha sido interditada. Jefferson, que trabalhava com horta, também estava desempregado. Tinha se tornado herói nas redes sociais da região e estava ajudando como voluntário.

Diariamente pessoas entravam em sua terra para analisar a água do rio, para observar os peixes. Funcionários da mineradora tinham colocado uma cerca entre a margem do rio e o lago. Não podiam mais ter contato com o rio. Os peixes morriam aos montes, sufocados pela lama. Seus filhos chegaram a fazer uma reserva, pegaram um tanque com água e colocaram alguns peixes. Mesmo tentando salvá-los, sem o contato com o rio, morreram. Cheroso passava horas na janela da sua casa olhando o rio que tinha ficado marrom. Estava morto. Pensava que talvez nunca mais poderia pescar ali.

As plantações de Dona Neiva morreram quase todas. As que sobreviveram, ela fez uma estufa para tentar salvá-las. Mas o pior de tudo para ela era o barulho de helicópteros. Era de manhã, de tarde e de noite. Ali no rio, nas margens de sua casa, tinha achado alguns membros de corpos humanos. Avistavam, descendo pela correnteza do rio, instrumentos musicais, bujão de gás, telhados, de tudo um pouco. A água potável da cisterna que tinham, não podia mais ser consumida. Tudo ali tinha sido afetado pelo minério, foram avisados.

Dona Neiva assiste sempre que pode a seu programa favorito na televisão "Caçadores de relíquias". Não deixa de passar um batom vermelho, nem vestir sua roupa preferida. Tinha sempre ensinado aos sete filhos a viver um dia de cada vez, como se não houvesse amanhã. Aproveitar o hoje, nunca deixar de falar como as pessoas a sua volta são importantes em suas vidas. Jussara tinha ido cedo demais, mas seu sorriso aquece o coração de Dona Neiva e da família nas fotos e nas lembranças que irão permanecer.

Rômulo, defensor público

"Eu acredito na justiça que eu posso entregar algo útil para as pessoas. (...). Todo mundo diz que a justiça está aberta, todo mundo pode ser lesado. Mas eu costumo brincar que a justiça está aberta igual a porta do Hotel Ritz na Inglaterra. Ela está aberta, é só ir lá e abrir. Mas quem consegue chegar lá na porta do Hotel Ritz para abrir a porta? É a gente (Defensoria) quem leva esta pessoa para dentro deste hotel (...)".

Naquela sexta-feira, dia 25 de janeiro, Rômulo estava animado. Voltaria naquele dia a atuar como Defensor, depois de trabalhar durante um ano como diretor da Escola Superior da Defensoria Pública. Estava arrumando suas coisas no escritório quando recebeu uma mensagem do Defensor Público Geral pedindo ajuda para que ele fosse até a sede da Defensoria Pública em Belo Horizonte. Ele deveria estar acompanhando as notícias pela televisão... Foi desta forma que ele ficou sabendo que uma barragem em uma pequena cidade mineira, muito próxima da capital, tinha se rompido.

Assim que chegou na Sede da Defensoria Pública foi designado a cuidar de um número de celular que tinham divulgado para atendimento de possíveis vítimas. Eram muitas mensagens. A maioria das pessoas perguntava qual área tinha sido atingida ou mesmo o indício de suspeitas de parentes desaparecidos.

Já havia toda uma estrutura montada, um centro de emergência de comando, com uma grande televisão no centro que ficava passando as últimas informações. Jornalistas entrevistavam vários representantes de instituições diferentes para falar dos possíveis desdobramentos do caso, mas às 16h ainda não se tinha número aproximados de vítimas, feridos e se teria mortes.

Sem saber quais seriam as ações da Defensoria naquele dia, Rômulo cancelou sua passagem de avião que tinha comprado para aquela noite. Ele iria no final de semana para o Rio de Janeiro, sua cidade natal, visitar os pais. Na sua cabeça lembrava de tudo que havia acontecido em Mariana menos de quatro anos atrás. Ele não tinha cuidado do caso diretamente, mas lembrava dos colegas contando o que tinham vivido. Com certeza precisavam ir até lá.

Ele e mais alguns colegas se dividiram em dois carros para ir até a cidade. Todos levaram coletes verdes da Defensoria Pública para serem reconhecidos. No seu carro, foram ele e mais duas pessoas. Passaram no caminho em um *drive-thru* para comer, comprar águas, e levar sanduíches para quem já estava lá. Um membro da equipe que já estava na cidade, na Faculdade Asa acompanhando o início dos trabalhos dos bombeiros, polícia e defesa civil, solicitou que seguissem para a Estação Conhecimento, local onde as vítimas seriam atendidas.

Chegaram por volta das 20h. Ainda não tinha nada montado. Funcionários da mineradora, que no primeiro momento estavam fazendo o cadastro dos desaparecidos, ainda estavam instalando computadores, arrumando mesas, totalmente perdidos, outros pareciam desesperados. Não era exatamente o trabalho dele e dos colegas, mas naquele momento ajudaram na organização e de uma montagem, mesmo que inicialmente precária, de um tipo de atendimento para os familiares de vítimas que começaram a aparecer para saber notícias.

Era 22h e os atendimentos estavam apenas começando. Chegavam cada vez mais e mais pessoas, homens, mulheres e crianças sujas de lama. Naquela noite e durante toda a madrugada Rômulo e os outros Defensores fizeram um trabalho humanitário de ajudar no cadastramento de pessoas desaparecidas, de tentar buscar informações.

A primeira pessoa com quem conversou foi uma senhora acompanhada de uma criança. Ela contava que teve que fugir da sua casa, que foi totalmente atingida pela lama. Tentou voltar para pegar algo, mas não conseguiu. A criança parecia assustada e ao mesmo tempo curiosa com todas aquelas pessoas em seu entorno. Comia uma bolacha com cuidado. A senhora, que deveria ser mãe ou avó do menino, estava com o olhar distante, cansado. Tinha perdido, de uma hora para outra, seu teto, seu lar.

Assim como ela, muitas pessoas que tiveram suas casas atingidas estavam desabrigadas. Rômulo teve que solicitar pousadas, hotéis em que pudessem ficar, comida para que muitos pudessem comer. Outras pessoas pediam dinheiro para irem para cidades próximas, onde familiares moravam. Em meio às vítimas, funcionários da mineradora, jornalistas chegavam para fazerem entrevistas ao vivo, gravar depoimentos.

Rômulo teve que resolver a situação difícil de um menor de idade. Tinha saído de outro estado no sul do país, onde morava com a avó para ter notícias da mãe que morava na cidade. Ficou com medo de contar para a avó e tinha viajado sozinho até ali. Como era menor não poderia ficar hospedado em um hotel, tiveram que chamar o conselho tutelar.

A lista de desaparecidos e algumas notícias que começaram a circular nos primeiros instantes eram falsas. A cada momento surgia um novo boato e novas dúvidas: diziam que iriam ler a lista oficial no campo de futebol no centro da cidade, mas não tinha confirmação alguma. Mesmo tendo relação com o centro de comando da operação, Rômulo e os Defensores tinham dificuldade de checar e passar algumas informações.

Durante a madrugada daquela sexta-feira, outra equipe chegava na cidade e eles retornaram para suas casas na capital. Rômulo havia chegado mais ou menos 04h. Mesmo cansado, não conseguia dormir. Pensava em todas as pessoas que tinha conversado, na angústia de familiares que buscavam parentes. Se colocou à disposição para ir novamente no dia seguinte.

No domingo estava na cidade, novamente na Estação Conhecimento. Em todo lugar que se olhava havia placas de indicações: "se alagar, corra para cá". Era estranhamente trágico. Enquanto tentavam manter tudo sobre controle, boatos e mais boatos surgiam, desestabilizando as pessoas e eles próprios. Tiveram que retornar para a capital, quando o alarme de uma das barragens da mineradora tocou na madrugada daquele domingo.

Mesmo com certa tensão no ar, Rômulo voltou para a cidade nas semanas que se seguiram. A família no Rio de Janeiro acompanhava as notícias na televisão e a mãe preocupada ligava para Rômulo dizendo para que não fosse. Era perigoso. A noiva, também Defensora, temia que alguma outra barragem pudesse se romper. Rômulo, contudo, sentia que era aquilo que ele queria fazer. Desde quando tinha escolhido o curso de Direito, ainda menino, sonhava em poder fazer a diferença na vida das pessoas. Tinha estagiado na Defensoria Pública do Rio de Janeiro ainda durante a faculdade. Depois, quando prestou concurso, acabou indo para a área, só que na capital mineira.

Ali naquele momento ele estaria ajudando as vítimas de uma tragédia ambiental e humana, independentemente de sua classe social, a saber, de seus direitos e lutar por eles. A função da Defensoria era exatamente esta: preservar os direitos de defesa de todo indivíduo em situação de vulnerabilidade. Naquele caso, qualquer pessoa que fosse atingida de alguma forma poderia recorrer à ajuda da Defensoria.

Depois destes primeiros dias de ajuda humanitária, haviam montado um ônibus itinerante, com computador, dentro da Estação do Conhecimento, para atender as pessoas. Rômulo trabalhava ajudando a cadastrá-las, sejam as que tinham ido lá pessoalmente ou buscando informações por meio do número de celular divulgado. Sempre que recebiam informações oficiais passavam para estas pessoas: nova lista atualizada de desaparecidos, corpos levados ao Instituto Médico Legal, sobreviventes encaminhados para quais determinados hospitais. Eles acabavam também ajudando a suavizar a situação incômoda que muitos familiares de vítimas passavam. Muitos advogados distribuíam seus cartões na entrada do local para tentar ganhar com os processos judiciais que viriam.

A outra função do cadastro também era para ajudar as vítimas a receber as doações iniciais da mineradora. Muitas famílias, a maioria que o procurava, não era atrás do dinheiro em si, mas de informações. Mas muitos problemas em relação ao dinheiro também começavam a surgir. Brigas dentro das próprias famílias. Muita gente que estava casada no papel, mas não estava casado de fato, naquele momento apareceu para se beneficiar, sendo que às vezes a vítima tinha outra companheira, mas que não estava oficializado. Rômulo teve que encaminhar a realização de vários processos de união estável após óbito para gerar os direitos desta vítima. Sem contar o tanto de pessoas sem documentos em relação à propriedade, aos bens que possuíam e perderam.

Estas "doações" não eram as indenizações que as pessoas tinham direito por meio de um processo judicial, eram apenas valores iniciais para ajudar nos gastos com estas famílias: comida, locais em que seriam abrigadas, era só algumas das demandas. Os valores recebidos iam até 100 mil reais. Esta ação foi de iniciativa da empresa, a Defensoria estava apenas auxiliando as pessoas a retirar este dinheiro de forma segura.

Para evitar o que havia acontecido em Mariana, a Defensoria conseguiu oficializar um documento com a mineradora para que constasse expressamente que estas doações não eram antecipação de indenização. Ou seja, este valor não poderia ser descontado do dinheiro das indenizações que as vítimas iriam receber, posteriormente.

Rômulo e os outros colegas comemoraram a vitória. Contudo, houve um momento em que foi suspenso esta cláusula em alguns recibos. Assim que ficaram sabendo, suspenderam o contrato para poder renegociar. Depois de uma semana de negociações, a empresa recolocou a cláusula de que aquilo não era antecipação de indenização.

Mais ou menos duas, três semanas, do dia 25 de janeiro, começavam as audiências. Elas aconteciam na capital mineira. A maioria era aberta ao público, na qual compareciam muitos movimentos civis de defesa de moradores destas áreas ou mesmo de proteção ambiental. Eram sempre tensas, exaustivas, e muitas vezes longas. Não era fácil chegar a uma decisão justa que agradava a Defensoria, Ministério Público e ao mesmo tempo a mineradora.

Em uma das primeiras audiências que a Defensoria participou a mineradora concordou, por meio de um acordo judicial homologado na justiça, a pagar um salário mínimo, chamado de auxílios emergenciais financeiros, para todos os moradores da cidade e de algumas cidades vizinhas na beira do Rio Paraopeba até a cidade de Pompéu. Os advogados da mineradora tentaram reivindicar a decisão. Um porta-voz da mineradora levantou o tom de voz:

– Ah, mas então o rico vai receber!

Na confusão, Rômulo acredita pelo relato que chegou até ele que tinha sido o juiz que se manifestou na defesa da decisão: o rico, qualquer pessoa da cidade ou de cidades vizinhas que dependiam do rio, do turismo, do comércio, tinha sido afetada, tinha sido atingida. Esta audiência decisiva não tinha nem acabado quando começou a circular na imprensa.

Assim como o Ministério Público tinha um porta-voz para dar entrevista à imprensa, Rômulo foi o escolhido para falar pela Defensoria. Ele que já tinha passado por algumas entrevistas ao longo da sua profissão, ainda se sentia tenso, com as mãos frias, principalmente quando estas eram ao vivo. Tentava se imaginar sempre explicando dentro de uma sala de aula, um lugar que se sentia confortável por tanto tempo. Acreditava que desta forma também estaria sendo didático na explicação das decisões judiciais. Tinha dia que dava mais de cinco, seis entrevistas por dia.

Não demorou muito para que conflitos entre o Ministério Público e a Defensoria Pública começassem a circular na mídia. As duas instituições que tinham entrado juntas com uma Ação Coletiva, assim como havia sido realizada no caso de Mariana, estavam agora divididas. Esta Ação seria um processo coletivo de indenizações na justiça contra a mineradora. Contudo, a Defensoria tinha se decidido por meio da grande procura por parte das vítimas de entrarem também com acordos individuais. O Ministério Público não só dizia que estes acordos enfraqueceriam a Ação Coletiva, como havia sido um acordo às escondidas entre a Defensoria e a mineradora.

Rômulo ficou surpreso com as críticas em relação à decisão da Defensoria. Logo no início, mesmo defendendo a continuação da Ação Coletiva, eles já tinham pronunciado que iriam tentar priorizar as ações extrajudiciais, porque queriam impedir que se repetisse o que aconteceu em Mariana. A demora e o prolongamento da ação na justiça, em que as vítimas depois de anos não tinham recebidos suas indenizações.

A Ação Coletiva era importantíssima, mas que não podiam assegurar para as vítimas que elas receberiam suas indenizações e quanto tempo o processo poderia durar. Achava que ela seria relevante se fosse aprovada na Justiça. Contudo, Mariana já tinha sido uma experiência negativa. Era difícil garantir para as vítimas que os procuravam de que aquela ação fosse sair e quando sairia. Muitas pessoas queriam entrar com o processo rápido para poder tentar seguir suas vidas adiante. Alegavam que queriam comprar uma casa ou mudar de cidade para tentar recomeçar.

Os patamares do valor recebido das indenizações individuais realizados entre a Defensoria com a mineradora eram sigilosos. Quando solicitados pelo Ministério Público os modelos de acordos, os valores haviam sido liberados, mas não poderiam ser abertamente divulgados para proteção dos próprios atingidos. Se as pessoas quisessem divulgar o valor recebido, tudo bem, mas muitas pessoas não queriam se expor, Rômulo explicava nas entrevistas que dava sobre o assunto. Muitas destas pessoas receberiam um valor alto da indenização e que poderiam sofrer tentativas de sequestro, assalto, entre muitos outros perigos contra a vida daquela pessoa ou de sua família nas comunidades miseráveis que ainda viviam.

O valor que cada pessoa receberia na indenização não era algo fácil de calcular. Quando se trata de perda de danos materiais, como casas, terrenos, plantações, comércio, era possível quantificar. Mas calcular o preço de uma vida não era a mesma coisa. Na verdade, era impossível para Rômulo que a vida tivesse um valor.

Para ele, era difícil se imaginar em algumas das situações em que vivenciava, não como Defensor, mas no lugar dos familiares que tentavam negociar o valor da perda de filhos, esposos, esposas, pais, irmãos. Por isso, a Defensoria tinha realizado modelo de acordos, calculando valores de indenizações por meio de precedentes nacionais e internacionais de outros desastres como aquele.

As vítimas poderiam desta forma escolher se queriam seguir com a Ação Coletiva ou individual. Rômulo entendia sem sombra de dúvidas que as pessoas deveriam ter a chance de escolher. Caso decidissem pela ação individual, mesmo depois de já ter recebido a indenização, se na Ação Coletiva fosse contemplando algo que não estava no seu acordo, a pessoa teria direito à diferença.

Apesar do recebimento das indenizações ser um direito, a maioria das famílias que entravam com os acordos não parecia realmente interessada no dinheiro que iria receber. Nada comprava a perda daquele familiar. Dinheiro nenhum traria de volta aquelas pessoas. Rômulo sempre levava aquele sentimento quando fazia os atendimentos. Lembrava que sempre atrás de uma assinatura havia uma pessoa, com uma história que havia sido modificada.

Às vezes se sentia impotente de não poder fazer mais por aquelas pessoas. Sentia que tudo aquilo tinha sido muito além de uma experiência profissional, mas uma experiência de vida que levaria consigo por muito muito tempo.

Dom Vicente, bispo-auxiliar

"É um povo muito bom, muito santo mesmo. Não se pode questionar a santidade deste povo, mas muito passivo politicamente. Não adianta querer discutir causa política aqui que você vai ficar sozinho. E assim, esta questão de destruição do meio ambiente pelas mineradoras, esta questão do risco das barragens, isto é uma coisa silenciosamente conhecida pela região. Silenciosamente. Inclusive por aqueles que morreram (...)".

Dom Vicente tinha tirado na segunda quinzena de janeiro férias e estava na cidade de Alegre, no Espírito Santo, sua cidade natal. Tinha ficado na casa de seus pais, que estavam comemorando 50 anos de casados. Ele morava já fazia alguns anos em Belo Horizonte, mas desde sua ordenação episcopal, mais ou menos dois anos atrás, estava indo com bastante frequência para as comunidades que compõem a região do Vale do Paraopeba. Ficava segunda, terça e quarta-feira em Belo Horizonte em seus compromissos oficiais e na quinta, sexta e o fim de semana costumava ir frequentemente para a cidade de Brumadinho.

Naquela sexta-feira, dia 25 de janeiro, Dom Vicente estava retornando de carro para Minas Gerais. Já tinha compromissos marcados em Belo Horizonte e depois em Fortaleza. Já tinha almoçado na estrada e estava perto de Belo Horizonte, mais ou menos em Santa Luzia, quando Raquel, uma das voluntárias da Igreja, ligou.

– Não sei se tem planos de vir para Brumadinho hoje... mas não venha! As estradas estão interditadas.

Raquel explicou que uma barragem tinha se rompido. Pelo que sabia era a barragem da Mina do Feijão. Com pensamentos conflituosos e temerosos do que poderia ter acontecido e poderia acontecer, ele pensou várias vezes se deveria parar o carro. Pensava em tudo, menos na estrada a sua frente. Respirou fundo e mais calmo decidiu seguir viagem para chegar o quanto antes em Belo Horizonte. Por volta das 14h ele chegou na residência dos Bispos.

Deixou as malas da forma que vieram, fechadas dentro do quarto, e saiu tentando pensar em uma forma de entrar na cidade. Naquela hora, mais do que nunca, os fiéis estariam precisando da Igreja. Ligou para alguns de seus contatos para saber como estava a situação por lá e saiu no mesmo carro com um amigo diácono e um dos quatro padres da cidade, padre Thiago. O diácono, Pedro, disse que sabia um caminho alternativo, sem ser pelas vias interditadas. Iriam por meio da cidade vizinha de Bonfim. Chegaram no fim da tarde, início da noite. A Igreja São Sebastião estava aberta. Voluntários se dividiram para acolher famílias, seja para conversar, rezar, ou mesmo servir de ombro amigo.

Já na casa paroquial com a ajuda de Raquel, uma das voluntárias, Dom Vicente, nesta mesma noite, foi visitar duas casas de familiares que estavam com entes desaparecidos. O temor de que outra barragem podia se romper e inundar a cidade ainda eram iminentes. O centro, que é o local em que ocorrem alagamentos quando há fortes chuvas, estava deserto. Ficaram até mais ou menos uma hora da manhã conversando, rezando.

Naquele momento, Dom Vicente teve a real magnitude que toda a tragédia tinha tomado. Como podia uma barragem ser construída tão próxima das pessoas? A cidade naquela noite estava em uma situação muito diferente de cinco dias atrás. No dia 20 de janeiro, a cidade estava em festa, era o dia do padroeiro da cidade, São Sebastião. Outro padre, de uma das paróquias, Renê, que estava nem no terceiro dia de férias, teve que retornar na madrugada daquele dia.

Foi ali naqueles primeiros dias de caos, de desespero, que ele entendeu que estava certo de ter que vivenciar aquilo tudo de perto. Ele já estava pensando nisso alguns meses atrás. Estava indo cada vez mais para a cidade. Não adiantava tentar coordenar as coisas de dentro de um escritório fechado em Belo Horizonte, por meio de estudos, teorias. Nada na prática era tão importante como viver a realidade daquelas pessoas. O que falar nos sermões da missa que seja realmente de importância para aquelas pessoas?

Dom Vicente era então professor de teologia de jovens padres em Belo Horizonte quando foi nomeado bispo e enviado para ser o responsável pelas ações missionárias na região do Vale do Paraopeba, que incluía a cidade e outros sete municípios. Tinha entendido desde que chegou ali a primeira vez a bondade dos moradores, mas ao mesmo tempo uma ingenuidade em relação à força que possuíam, caso decidissem se unir. Era uma cidade preocupada com a natureza, seu rio, suas chapadas, mas ao mesmo tempo que ficavam e se deixavam ficar reféns das grandes mineradoras da cidade.

Ele como responsável pelos projetos da Congregação Missionária percebia que a população da região do Vale do Paraopeba não tinha tanto interesse ou mesmo não conhecia alguns assuntos. Ele estava planejando uma discussão com prefeitos da região, aberto para participação popular, para tratar exatamente desta questão ambiental e a retirada da proteção da Serra da Moeda, que poderia correr o risco de desaparecer por conta da exploração de minério.

Se sentiu desamparado várias vezes. Como levar uma luz, seja ela no formato de esperança, de fé, para tantas pessoas que estavam passando por um momento sombrio em suas vidas? Às vezes se lembrava do motivo pelo qual decidiu ser padre, com apenas 14 anos na cidade de Alegre, no Espírito Santo. Gostava de ajudar as pessoas e queria o fazer por meio da fé, sentia que era sua vocação, seu chamado. Ouviu no rádio sobre a Congregação Redentorista. Mandou uma carta e foi aceito para estudar o que seria apenas sua primeira etapa de formação na cidade mais próxima de Alegre, Juiz de Fora. Fez todo seu Ensino Médio lá, até que prestou vestibular para filosofia na UFJF, em Juiz de Fora.

Logo que se tornou padre trabalhou em frentes com Pastoral Vocacional, formação e Superior Provincial. Fez mestrado e doutorado em Juiz de Fora. Fez vários projetos sociais e tinha ainda muitos planos para ações nos municípios do Vale do Paraopeba, quando ocorreu a tragédia. Por causa da grande demanda com o funcionamento das Igrejas na região, as diárias missas celebradas, velórios, a arquidiocese de Belo Horizonte decidiu tornar o Vale do Paraopeba, que antes era apenas um vicariato missionário, a Região Episcopal Maria do Rosário, integrando as cinco regiões episcopais já existentes. Cada região é coordenada por um bispo.

Às vezes ainda é difícil tentar explicar algumas coisas... Como Deus permitiu que tudo aquilo acontecesse? Apesar da fé de alguns fiéis terem sido abaladas, Dom Vicente não teve contato com ninguém que se revoltou contra Deus ou contra a religião. Deus não permite ou impede que estas tragédias aconteçam. Ele deu o livre-arbítrio para os homens, sendo responsáveis assim pelas consequências de seus atos. Tragédias como estas representam o impacto das ações do homem, que movidos pela maioria das vezes pela ganância, causa tanto sofrimento em outros seres humanos, como ele.

Perdão era outra palavra que causava certo desconforto num contexto como aquele. Como falar de perdão naquele momento? Como falar em perdão na casa das famílias que tinham perdido parentes, casas e sonhos? Perdão era muito diferente de esquecer. Não à toa ele está à frente da criação de um Memorial, na cidade, para que tudo aquilo não deva e não possa ser passado em branco.

Mas era necessário falar em perdão naquele momento, como forma de tentar seguir em frente. Perdão e justiça, claro. De transformar luto em luta.

Raquel, voluntária

"Eu não perdi nenhum parente, nem a minha casa. A mineradora tirou de mim, e de todos os outros moradores da cidade, o nosso direito de ser feliz".

Raquel estava no supermercado naquela manhã do dia 25 de janeiro fazendo as compras do mês da casa. Ela tem três filhos e é casada. Dois de seus filhos, os mais velhos, Augusto e Raíra, já não moram mais com ela. Fazem faculdade na capital mineira e voltam para casa apenas nos finais de semana.

A casa sem os dois filhos ficou mais calma, mas não menos calorosa. Além dela e do marido, sua filha mais nova, Raiane, de 14 anos, mora com eles. Estava colocando calmamente as compras no caixa quando começou uma agitação. No início burburinhos, aos poucos, algumas pessoas começaram a chorar alto e outras até saíram do local gritando.

Sem entender o que estava acontecendo, Raquel avistou um rosto conhecido, a prima de sua manicure. Ela estava fora de controle, chorando muito. Ligou para a amiga para saber o que havia acontecido. "Parece que uma barragem se rompeu, Raquel!". Foi a primeira coisa que ouviu ao telefone. Pagou as compras apressada e saiu com o carro do supermercado.

As pessoas já estavam descontroladas nas ruas. Carros entrando em ruas na contramão, alguns avançando pela calçada. A primeira pessoa para quem ligou foi o marido. Arlei trabalha em Betim, cidade vizinha, numa empresa de energia. Ele tinha que voltar rápido para casa. Não se sabia o que tinha sido atingido ou o que ainda poderia atingir. Chegou em casa, pegou a filha e foi direto para a Igreja.

Raquel não só é muito religiosa, católica, além de dona de casa é voluntária do Ministério de Música da Igreja São Sebastião. A Igreja fica praticamente no centro da cidade, no alto de uma elevação, uma escadaria extensa até a entrada. A Igreja São Sebastião é a matriz das outras igrejas católicas da cidade. Azul, por dentro e por fora, a cruz bem no topo dela se mistura com a cor do céu da cidade. Impossível passar-se despercebida.

Rápido, Raquel pensou que muitas pessoas procurariam a Igreja como um lugar seguro ou mesmo para procurar informações e seria importante que ela estivesse lá para ajudar. Neste meio tempo, os filhos mais velhos começaram a ligar desesperados. Tinham visto na televisão as notícias e queriam saber se estava tudo bem com ela e com a família. Chegando à Igreja já ligou para o bispo auxiliar, Dom Vicente, que ela sabia que poderia estar retornando para a cidade naquele dia.

Junto com a filha mais nova e outros voluntários, ela se colocou a ouvir as pessoas que ali buscavam respostas. No primeiro dia era sobre o desastre da barragem em si, com as notícias que iam chegando de pessoas desaparecidas. Outras vinham buscar respostas em relação a perda de familiares. Muitas vezes no clamor do desespero Deus se torna o único capaz de acalmar a dor da perda. Ela ficou dias e dias dentro da Igreja para receber estas pessoas. Eram abraços e mais abraços. Muitas vezes sem dizer palavra alguma.

Com o tempo as doações começaram a chegar. A prefeitura também estava com vários pontos de coleta e retirada de doações, mas muitas pessoas reclamavam da burocracia para pegar que fosse uma sexta básica. No início, os voluntários da Igreja, como ela, tiveram que se desdobrar para conseguir cuidar de tudo que chegava e das pessoas que vinham pegar as doações. Eram doações de várias partes do Brasil. Nos dias que chegavam os caminhões de doação, ligavam para amigos e vizinhos para ajudar na retirada. Um galpão atrás da Igreja, abaixo dos dormitórios, se transformou no local onde mantinham tudo que recebiam.

Seus filhos mais velhos conseguiram ir para a cidade, mesmo com a dificuldade de transporte e do fechamento de estradas. Cada um deles ajudou com uma frente diferente, junto com outros voluntários. Augusto foi para a área do Córrego do Feijão, visitar casas de famílias que sobreviveram para saber o que precisavam para entregar as doações. Raíra organizava os estoques de doações que iam chegando e sua filha mais nova, Raiane, ficava de plantão nos velórios esperando e cadastrando os corpos que chegavam para que a Igreja pudesse entrar em contato, oferecendo apoio.

Apesar de ficar dias e mais dias na Igreja ajudando com tudo que podia, todo seu esforço não poderia ser comparado a uma das missões recebidas por ela, mais difíceis de sua vida, poucos dias depois daquela sexta-feira. Raquel era amiga de Cris, que havia falecido com a tragédia. Ela tinha deixado dois filhos, uma menina de seis anos e um filho de quatro anos, com autismo. Uma das primas de Cris havia ligado para ela, para que Raquel pudesse ajudar a dar a notícia da morte da mãe. Até então a família não tinha dito ainda à menina que a mãe tinha morrido. Raquel chamou um grupo de psicólogos que ficaram acompanhando todo o processo distante, dando alguns conselhos.

Ela e a prima levaram a menina para o estábulo, atrás da casa. Ela não sabia o que dizer, como dar a notícia à filha que sua mãe tinha morrido. Ela tirou uma força de dentro dela. Sentiu arrepios. Ali, em um estábulo como aquele, Virgem Maria tinha dado à luz ao seu filho. Ela tinha certeza que Maria estava com ela naquele momento sofrendo pela dor daquela família, assim como ela estava aos pés da cruz, vendo seu filho sendo morto injustamente.

A menina tão nova já suspeitava que algo de ruim havia acontecido com a mãe por conta de seu sumiço. Mas acabou ficando com raiva da família por terem mentido e não conseguirem dar a notícia antes para ela. Perguntou para Raquel com quem ela e o irmão iriam ficar. De longe os psicólogos diziam para ampará-la ao máximo. Ela tinha perdido a mãe, mas tinha toda uma família ao lado dela, que a amava muito, como o irmão.

Dias depois, o pai que já tinha se divorciado da mãe fazia alguns anos sequestrou o mais novo de quatro anos. Ele se declarava no direito de ficar com o filho, depois de ficar sabendo que o responsável da criança ganharia dinheiro da mineradora. A família, que não conseguiu fazer muito para impedir que o pai sequestrasse a criança, ligou para Raquel desesperada. Ele tinha entrado à força na casa e tinha ameaçado machucar qualquer pessoa que o impedisse de sair com o filho. Mesmo aos gritos e com as tentativas da família, ele conseguiu pegar a criança e levá-la com ele na sua motocicleta.

Raquel ligou rapidamente para a polícia. Os policiais conseguiram parar a moto, antes que saísse dos limites da cidade, levando o pai e a criança para a delegacia. Não só a família, mas Raquel e a professora de colégio das crianças serviram de testemunhas. Mesmo com todos os depoimentos, nada aconteceu ao pai. A família mudou de casa, mas vivem com medo iminente de que o pai retorne e tente levar novamente a criança.

Raquel evita de todas as formas encontrar a menina. Não por ela, mas pela menina em si. Sabe que toda vez que a menina encontrá-la vai se lembrar da morte da mãe, como ela olha para rostos conhecidos na rua e ao invés de ver a pessoa em si, vê nela o familiar que perdeu. Seja o marido, a esposa, o filho, a filha, o irmão e a irmã.

Só três meses depois da tragédia Raquel conseguiu fazer algo que era tão comum, e até banal, antes na família: unir todos os filhos e o marido para almoçar no domingo. Ela nunca deu tanta importância para um almoço antes. Até então ela não conseguia se permitir a sorrir, a se divertir, porque se lembrava da dor e da tristeza de tantas pessoas que ela conhecia.

Na Igreja, abraçando as pessoas, ela olhava Jesus na cruz e pensava: "Sei senhor que estás conosco e que nunca nos abandonarás".

Dom Vicente, Raquel

Raquel e Dom Vicente não perderam ninguém diretamente, não perderam suas casas, nem nada material. Mas tudo que tinham vivido naqueles dias deixaram neles feridas que ao passar do tempo se tornaram cicatrizes. Dom Vicente, que acha que a poesia é a própria forma do homem de tentar explicar o inexplicável, começou a compor uma poesia que depois virou música. No quarto, na casa paroquial, logo atrás da Igreja, olhando para a janela, escreveu tudo aquilo que estava sentindo. Parecia mais como um desabafo.

Ele sabia que não era a primeira música que seria composta e muito menos a última, mas que diante da revolta queria passar outra mensagem: a de esperança. A primeira parte da música foi das lembranças de como era aquela pequena cidade antes. Como o próprio nome diz, conhecida pela bruma que paira na cidade logo que o sol nasce no horizonte.

Aquela cidade tinha ido embora. Em tempos de tanta dor, de tantas lágrimas derramadas, as pessoas só pediam paz para tentar seguir em frente. E muito além de fazer uma crítica direta à responsável por aquela tragédia, ele sabia que o "se", a possibilidade de que ela continuasse agindo, sem temer outras tragédias, ainda o inquietava: "Se o vale da morte insiste, Vale não vale nada".

Raquel ouviu por vários dias a melodia e os murmúrios de palavras ao vento, que depois se tornaram a música: "Lamento". Apesar de não gravar as músicas que compõe, Dom Vicente achou que esta valeria a tentativa de torná-la conhecida. Não existia pessoa melhor para cantar aquela música com ele do que alguém que havia vivenciado tudo aquilo. Foi quando chamou Raquel, que se tornou uma das principais e mais importantes voluntárias da Igreja, para cantar com ele.

A música foi gravada e acabou ficando conhecida na cidade. Uma música que apesar de lembrar de um passado pacato que não voltava mais, trazia para muitos ouvintes uma paz, uma motivação para olhar para o futuro, sem se esquecer, mas que pudesse seguir em frente. A primeira vez que cantaram a música ao vivo foi durante a missa de sétimo dia. O vídeo da missa que chegou a viralizar na internet não chegava perto do que aquilo tinha sido realmente. Raquel, que já sabia a letra de cor, cantou naquele dia com um nó na garganta. Naquele momento passava como um filme na sua cabeça tudo o que tinha vivido até ali.

Não é justo, ela pensou. Dom Vicente pensou e muitos devem ter pensando. Mas ali, com a música que entoava em eco, com a Igreja lotada, a fé parecia aquecer seus corações. Deus naquele momento poderia fazer isso por aquelas pessoas, tentar confortá-las. Infelizmente, não eram os planos de Deus que nada daquilo tivesse acontecido. Na verdade, era o homem, tão cego pela ganância, que acabou destruindo tudo que estava em sua frente. Vidas haviam perdido valor na hora de destruí-las, mas voltaram a valer, a ser quantificadas pelo dinheiro, na hora de pagar as indenizações. A mineradora tinha tirado tanto daquelas pessoas... Algo que o dinheiro nunca poderia comprar, vidas, memórias e, de muitos, um futuro.

Dom Vicente celebrou muitas missas, muitos velórios, visitou muitas pessoas e sente que nunca conseguirá explicar, mesmo sendo poeta, com palavras, tudo que tinha sentido até ali. Percebeu como nunca antes a necessidade de estar presente de corpo e alma com as pessoas, de ajudar os fiéis ou mesmo os não fiéis que o procuraram. Ele sabia que agora como bispo-auxiliar teria uma grande missão pela frente. Brumadinho tinha sido muito além de uma coincidência que cruzou seu caminho. Tinha sido uma forma de sair das teorias, da esfera exclusivista e intelectualizada das ideias, e se permitir a aprender na prática, de lembrar da própria fragilidade da natureza humana.

Lamento[28]

Bruma
Orvalho da manhã tão pura
Brisa mansa ternura
No vale bom de viver

Vem sol
Feliz vem lumiar
Minas que banha o mar
De água doce e prazer

Bruma
De Brumadinho
Se foi embora
Seu povo chora
Dor que dói demais

Cada olhar é lágrima
Nuvem que pesa
Mas a gente reza
Implorando paz

Deus Pai
Que tudo tão lindo fez
Por que a insensatez
Destrói a vida sagrada

---

28 Letra da música "Lamento". Composição de letra e melodia pelo bispo-auxiliar Dom Vicente.

Valei
Senhor de tudo que existe
Se o Vale da morte insiste
Vale não vale nada

Neném, prefeito

“Parque da Cachoeira e Córrego do Feijão: nós demos atenção total, como a Vale também estava dando uma atenção total. Só que hoje, a Vale, toda a estrutura que a Vale montou para estas comunidades (...) já está virando as costas para todo mundo. (...) Ontem mesmo uma senhora me ligou e falou assim: ‘Seu Neném, deixa eu te falar um negócio: eles estão tirando a linha de ônibus nossa, tirando tudo que a Vale tinha prometido dar e até fazer as estradas’. Porque as estradas, as nossas, sabe o que aconteceu? Passou lama debaixo delas e arrancou elas, sete, oito metros de altura”.

Avimar estava no seu segundo mandato. Desta vez mais concorrido do que na primeira vitória. Gostava de dizer que nunca teve pretensão para a vida política. Ele era uma pessoa conhecida na cidade pelo apelido de Neném da Asa, por ser um dos sócios, juntamente com seus outros dois irmãos, da única faculdade da cidade, com este nome. Por influência de amigos e conhecidos decidiu torna-se prefeito.

Naquela sexta-feira, dia 25 de janeiro, estava passando férias com a família. Tinham pegado um voo na quarta-feira de Belo Horizonte para Porto de Galinhas, onde ficariam até a próxima semana. Levantaram não tão cedo naquele dia para aproveitarem a praia. Estavam saindo do hotel, quando Neném recebeu a ligação de um amigo: a barragem da Mina de Feijão havia se rompido.

– Volta agora, Neném, para Brumadinho que a coisa foi feia! – advertiu o amigo.

– Mas não tem como ter atingido os refeitórios e o estacionamento, tem as cavas para isso! – argumentou.

Não tinha muito o que fazer. As suas férias tão esperadas e merecidas tinham acabado. Pegou um voo de volta com a família no dia seguinte. Chegou no sábado à tarde na cidade. O Presidente da República tinha sobrevoado a região e o governador do estado já tinha ido à cidade em uma reunião que Neném não conseguiu participar. Não deveria ter sido tão grave assim, pensou para se acalmar. A mineradora nunca deixaria que algo daquela magnitude, como diziam os boatos, acontecesse. Assim que chegou na cidade foi até a Faculdade, onde se concentrava a central de operações do Corpo de Bombeiros, da Defesa Civil e da Polícia Militar. A faculdade tinha sido cedida pelos seus irmãos e sócios para que pudesse ser utilizada para estes fins.

A primeira coisa que fez foi exigir que utilizassem mais helicópteros para as buscas de desaparecidos. Seu celular não parava de tocar com moradores da cidade ligando para pedir que ele fizesse alguma coisa para encontrar seus parentes. Ele sabia que a população acabaria recorrendo a ele. Cidade pequena era assim mesmo. Era fácil encontrar pessoas dentro do seu gabinete pedindo ajuda sobre os mais variados assuntos.

Apesar de nem sempre ter tempo para receber todos, ele gostava de se mostrar sempre à disposição. Tanto que muitos moradores tinham o número do seu celular pessoal. Apesar da angústia de tantas ligações, e a resposta firme de que ficaria tudo bem, ele às vezes se sentia perdido. Não sabia o que poderia fazer, além de tentar pressionar os bombeiros e os policiais em relação às buscas.

Foi apenas depois de quatro dias que o governador do estado retornou até a cidade e foi quando se encontraram. O governador, que estava em seu primeiro mandato, prometeu aumentar e repassar o mais rápido possível a verba para o município, assim como o próprio Governo Federal. Naquele dia participaram de uma coletiva de imprensa juntos. Logo algumas polêmicas e muitas cobranças começaram a aparecer. O governador disse em mais de uma oportunidade que tinha sido um "incidente"[29], enquanto outros jornalistas pressionavam para saber que tipo de proposta ele, o governador, tiveram durante a campanha em relação às barragens[30].

Apesar de ter experiência, já que era seu segundo mandato de prefeito, a tragédia havia se tornado não só um problema para a cidade, como para seu próprio governo. A cidade nunca antes tinha ficado nos holofotes da grande mídia nacional e internacional. A pressão que sentia não era só de jornalistas que o questionavam aos montes, como pela população e outros políticos da região.

Todos esperavam que ele ficasse à frente, negociasse, mas muitas vezes era deixado de lado, como seus assessores, de reuniões oficias. Teve que brigar para que fosse ouvido várias vezes quando pessoas de fora queriam tomar decisões do que era melhor para a cidade. Ele estava preocupado, realmente. Como reconstruir a cidade sem dinheiro?

Voltando para a casa, toda noite, estava com problemas para dormir. Daniela, sua esposa e primeira dama, ficava preocupada. A mãe, já idosa, sempre argumentava para que ele deixasse a política. Aquela vida estava desgastando a sua vida e da sua família. Como a cidade é pequena, todo mundo sabe ou pensa que sabe da vida de todo mundo. Para ela, como mãe, era difícil ouvir críticas ao filho prefeito e aos ou-

---

29 Zema chama Brumadinho de 'incidente' e diz que Vale 'reconheceu o erro'. Uol.

30 Prefeito de Brumadinho e Governador de MG foram eleitos sem propostas para barragens. Agência Lupa.

tros filhos que também ocupavam algum cargo no mandato do irmão.

Não era a primeira vez que a família se via em conflito. No final de seu primeiro mandato, a esposa de um de seus irmãos havia sido presa[31] em uma operação por fraudes de licitações e corrupção. Seu próprio nome acabou virando manchete[32] por ter contratado a empresa do irmão para fazer obras para a prefeitura e não tinha prestado contas.

Apesar de ter concretizado várias de suas promessas de campanha, principalmente obras que pudessem melhorar a estrutura da cidade, sua imagem tinha ficado muito desgastada para se reeleger e ele tinha muitos planos para isso. Tinha a aspiração de melhorar muito além da parte central da cidade, como todas as 42 comunidades que fazem parte do município que não possuem hospitais locais ou mesmo escolas. Mesmo assim, perdeu para um partido e candidato opositor.

Estes quatros anos fora da política foi o tempo necessário que precisava para organizar sua nova investida de campanha como também sua vida pessoal. Nesta época um problema de saúde aflorou: a depressão. Começou a tomar remédios e vivia muitas vezes quieto. Mesmo sendo muito comunicativo, não queria conversar com alguém. Pelo menos era o que diziam seus parentes, amigos próximos e pessoas que trabalhavam muito perto dele. Neste mundo da política, em que existe muita competição, ainda mais em cidades pequenas, ele tinha poucas, mas boas pessoas do seu lado.

Apesar de entender a superexposição que a família sentia, nunca tinha se arrependido de entrar na política. Tinha con-

---

31 Ex-Miss Minas Gerais é presa em Brumadinho. O Tempo.

32 Prefeito contrata empresa do irmão e não presta contas. O Tempo.

seguido dar uma vida boa para a família e sentia que de alguma forma, estando ali, com seu rosto pertencente ao quadro de outros prefeitos da cidade, ele poderia fazer a diferença. A verdade é que ele teve um longo caminho até chegar ali.

Teve uma infância muito diferente do que conseguiu dar aos seus três filhos. Ele havia nascido em Itaúna e veio para a cidade quando era ainda muito pequeno. Juntamente com os irmãos começou a trabalhar desde cedo para ajudar os pais. Uma de suas maiores lembranças daquela época foi quando ele e o irmão foram trabalhar numa empresa. Ele ficava com as mãos machucadas de desossar frangos, de forma rápida, em um trabalho bem cansativo em esteiras de produção.

Durante a faculdade começou a cursar Direito, vendia sapatos que ele próprio fazia. Sempre levava apenas um par de cada modelo, o que o economizava espaço na mochila. Era proibido vender coisas dentro da faculdade, mas ele sempre dava um jeito de mostrar aos colegas. Juntamente com dois de seus irmãos, Sonia e Alcimar, ele fundou a primeira e única faculdade da cidade com o dinheiro que conseguiram economizar durante a adolescência.

Assim como na sua primeira eleição, ele voltou a ter apoio de amigos, empresários, e moradores influentes na cidade. Depois do mandato de seu opositor ele decidiu voltar a concorrer novamente à prefeitura e ganhou. Ele estava melhor da depressão, estava feliz com sua taxa de aprovação na cidade. Mas logo depois a barragem de Brumadinho se rompeu e um novo inferno começou.

Com promessas do Governo Federal e Governo do Estado, o dinheiro seria repassado para o município para que fosse investido na região, ou mesmo para poder reconstruir o que se tinha perdido ou afetado. Com os meses que foram se passando, não só ele começou a perguntar sobre o dinheiro que deveria estar aqui, como vereadores e políticos opositores começaram a fazer a mesma pergunta: onde estava o dinheiro que tinha sido repassado? Por que e de qual forma seria investido?

Um morador da região, irmão de um candidato a prefeito que havia concorrido com ele na última eleição, elhe moveu um processo de impeachment. Ainda segundo seu opositor, dinheiro este que tinha recebido de doações para investimentos na cidade, estava na sua conta pessoal.

O único dinheiro que ele afirmava ter recebido era de um repasse do Governo Federal[33] para saúde mental. Saúde mental naquele momento para ele era irrelevante se comparado a todos os outros problemas que o município estava enfrentando. Toda a economia de uma cidade inteira estava indo por água abaixo.

A cidade dependia quase que totalmente das oito empresas de mineração da região. Era como a cidade sobrevivia: por meio dos impostos pagos por estas empresas. O segundo setor era o comércio e também o turismo. Turismo, apesar de ainda muito tímido, já que apesar de Inhotim ser praticamente dentro dos arredores da cidade, o Instituto não mantinha nenhuma relação com a prefeitura.

Na faculdade mesmo, que tinha em média 100 alunos inscritos, havia caído o número pela metade, além de muitos outros alunos que tinham transferido para outras faculdades. O comércio que se concentrava em sua maioria no centro da cidade estava em declínio. Os supermercados que até

---

33 'A cidade não ganhou nenhum centavo': prefeito de Brumadinho cobra promessas do Estado. Estado de Minas.

então estavam cheios de pessoas, estavam fazendo as mais malucas promoções para atrair clientes.

Dinheiro era um problema, pensava a todo minuto. Depois do rompimento da barragem, um processo judicial paralisou outras mineradoras da região, deixando muitas pessoas paradas por dias ou mesmo desempregadas. Sem o poder de compra dos moradores, como a economia poderia se reerguer ou crescer? Todos os moradores da região iriam receber durante um ano pela mineradora um salário mínimo para cada adulto, meio salário mínimo para cada adolescente e um quarto de salário mínimo para cada criança. Ainda assim, e quando este dinheiro parasse de chegar ou mesmo o dinheiro das indenizações das vítimas, como a cidade iria seguir?

Sem planos para o futuro e tentativas de imaginar o que fazer, ele se viu na corda bamba novamente entre sua vida política e sua vida pessoal. Passava por uma crise no seu governo, assim como passava internamente com suas emoções. Emoções que o deixavam agitado às vezes, quieto em outras, e com a falta de sossego e sono. Uma hora a vida da cidade tinha que seguir em frente. Achava no início que poderia ser depois que encontrasse os corpos das vítimas que faltavam. Talvez este seria o alento dos que ainda sofriam. Fariam um velório coletivo e a vida poderia simplesmente seguir.

Mas não parecia e não era tão fácil. Toda desgraça que acontecia no município, mesmo sem saber ou querer saber, acabava caindo para sua conta. A população mesmo com toda a dor da tragédia estava descontente e nervosa. Ele não imaginava que a mineradora chegaria onde chegou.

Depois de todas as histórias ouvidas tinha certeza que não tinha sido um mero acidente. Todo aquele minério já tinha praticamente sido vendido. Então, se ela dá um alerta que está em nível 2, teriam que tirar a população, porque nível 3 já estaria em estado de alerta a qualquer minuto. Então não podiam falar que era nível 2, pois a justiça ia paralisar os trabalhos e eles sairiam no prejuízo. Esta era sua teoria.

Ele era o prefeito da cidade, aquele que deveria tomar as principais decisões, pensar em planos para um novo futuro para a cidade. Às vezes sozinho, mesmo tendo boas pessoas de confiança ao seu lado, se sentia perdido. Não imaginava como podia reerguer a cidade sem dinheiro, dinheiro que a oposição dizia que ele o tinha.

No turbilhão de angústias dentro dele, ele imaginava que de alguma forma aquilo fosse passar. Imaginava que a cidade teria um novo recomeço, como sua própria vida política.

Hayò, cacique

"Nosso povo indígena é um povo de resistência há mais de 18 anos e nós somos um povo que está preparado para receber vários afrontamentos. Então, quando a gente vê estas coisas, a gente pede para Tupã e Anderú[34] para não vir nos atingir".

Tinham se mudado para a região mais ou menos um ano e nove meses atrás. No sul da Bahia onde viviam estavam sofrendo perseguições dentro da sua própria terra. Alguns integrantes da aldeia já estavam em Belo Horizonte para vender artesanato e mandar o dinheiro para suas famílias. Decidiram vir todos para a região. Apesar da reserva ter sido fundada por seu irmão, a primeira pessoa a conhecer o local foi sua mulher, Ãngohó. Muito verde e um rio límpido há poucos metros os fizeram ficar.

Naquela sexta-feira, dia 25 de janeiro, assim como todos os outros dias, a aldeia se dividia nas tarefas cotidianas. Os mais jovens faziam a guarda da região, da floresta, outros pescavam, outros cuidavam das plantações de mandioca, batata, cenoura. Algumas mulheres cuidavam das crianças e de suas próprias casas. Quando encontravam alguém perto da região desmatando a floresta sempre explicavam a importância de cada uma daquelas árvores para todos os outros seres vivos que vivem ali.

O dia estava muito quente, o céu sem muitas nuvens, muito azul. Com o sol sobre suas cabeças, Hayò recebeu uma ligação de voluntários em seu celular avisando sobre a barragem. A lama estava levando tudo pelo caminho, deveriam ficar longe do rio. Hayò reuniu todas as pessoas para avisar.

34 Palavras e significados de acordo com o entrevistado, cacique Hayò.

Alguns integrantes, principalmente os mais jovens, queriam descer perto do rio para saber o que estava acontecendo. Hayò mandou todos subirem para a parte mais alta. Alguns jovens permaneceram na região, tanto para cuidar do seu território como para ajudar possíveis vítimas que aparecessem por ali.

Pegaram carona com um repórter que estava na aldeia: Hayò, Ãngohó e mais duas pessoas da comunidade. Chegaram a entrar dentro da mina e ver com os próprios olhos tudo que tinha sido destruído. A polícia se aproximou deles, foram avisados que não podiam ficar ali. Hayò via as pessoas tirando *selfies* com seus celulares, outros policiais riam. Sua mulher estava revoltada com tudo, em meio a suas lágrimas e gritos, achou melhor retornar para a reserva, com medo que ela pudesse ser presa.

Naquela noite fizeram uma cantiga tradicional de seu povo. Pediram proteção a Tupã[35] e Anderú[36] para que trouxesse paz e aceitação às famílias que perderam parentes. A aldeia não tinha perdido nenhum integrante, mas naquele momento Hayò sabia que Tyôpay[37] tinha morrido naquele dia.

Dois dias depois, no domingo de manhã, Ãngohó estava na floresta quando a sirene da mineradora tocou. Era o risco de uma nova barragem estourar. Ela que está preparando material de denúncia contra as ações das mineradoras na região viu de perto funcionários da empresa retirando uma parte do minério da barragem e jogando tudo no rio, antes que ela se rompesse.

---

35 Deus, Criador de toda vida na terra, dos mares, dos céus.

36 Filho de Deus, Jesus Cristo.

37 Deus dos mares, dos rios, da água.

Parecia algo cíclico, que tinha sempre uma tendência a se repetir na história. Assim como seus antepassados tiveram seus rios e matas explorados pelos portugueses, sentia que o mesmo estava sendo feito ali naquele momento na sua região.

Até aquela sexta-feira o que a aldeia possuía era algo especial: paz. Viviam com o que colhiam da natureza, protegendo-a. Para eles que viviam tão perto do rio, era difícil aceitar que Tyôpay havia morrido e que mesmo tão perto não poderiam utilizá-lo mais. O único animal que comiam eram os peixes.

Bebiam e utilizavam para a alimentação a água potável da nascente, tomavam banho e utilizam o rio também como lazer. As crianças eram as que mais sofriam, pois eram as que menos entediam. Acreditavam todos os dias que o rio estaria melhor no dia seguinte e que tudo voltaria ao normal. Poderiam voltar a pescar e a brincar no rio novamente.

Com todas estas mudanças, muitas famílias foram embora. A aldeia começou a cada dia receber mais visitas. Eram jornalistas, fotógrafos, funcionários da mineradora querendo fechar acordos. No início, Hayò os recebia. Depois, começaram a sofrer perseguições dentro da reserva, com notícias que falavam que estavam recebendo benefícios da empresa. O prefeito da cidade dizia que eles não estavam lá antes, chegaram depois para pegar o dinheiro.

A mineradora uma vez ofereceu realmente dinheiro. Mas não o aceitaram. Todo tipo de comunicação com funcionários da empresa passou a ser de fora do portão da reserva. Hayò participou de diversas reuniões em Belo Horizonte sobre os impactos sofridos pela comunidade com este rompimento. Mas muito mais que seu próprio povo, estavam preocupados com a natureza do local que tinham jurado proteger.

Era assim, Niamissum[38] que decidia até quando eles deviam ficar em determinada região, protegendo as florestas, rios e solos. Eles mesmos, depois de toda aquela destruição, deveriam permanecer, pois aquele lugar mais do que nunca precisava deles. Hayò como cacique tinha sido escolhido pela maioria dos integrantes da aldeia para guiá-los. Sua maior responsabilidade era levar as demandas de seu povo para estas reuniões. Caso não conseguisse fazê-lo, eles poderiam escolher outro líder.

Em uma audiência mais ou menos um mês depois da tragédia, ele conseguiu algo importante: um documento que assegurava que a mineradora teria que contribuir com a alimentação da aldeia, já que o único recurso que tinham eram o rio e as plantações. Caso a mineradora não cumprisse, a prefeitura do município ficaria com esta responsabilidade.

A FUNAI tinha visitado a reserva e os alertaram a não comer o que tinha restado. Muitas plantações haviam morrido, mas as que sobraram não poderiam ser utilizadas, já que todo o solo, muito perto do rio, tinha sido contaminado pelo minério.

Muitas vezes os caminhões da empresa chegavam para descarregar os peixes. Uma vez estavam estragados. Muitos integrantes que comeram passaram mal. Na última vez trouxeram em pequenas quantidades que não davam para alimentar as 27 famílias que ainda viviam ali.

O dia conhecido como dia Nacional do Índio pelo homem lá fora é um dia muito importante na aldeia. Eles fariam um ritual pela morte do Tyôpay. Precisavam de peixes para fazê-lo. A empresa levou carne de porco, carne de vaca, menos o que realmente comiam e precisavam.

38 Segundo Hayò, Deus protetor da floresta e da natureza.

Várias doenças que nunca tiveram antes começaram a surgir. Nunca tinham comido alimentos enlatados, muitas vezes recebidos de doações. Doenças como dengue e febre amarela aumentaram, atingindo homens, mulheres e idosos. Mas as piores doenças eram as que vinham de fora, trazidas pelos que entravam na reserva. A ganância e a inveja eram apenas algumas delas. O Pajé toda noite, depois de receber pessoas de fora, sai da floresta e volta para a aldeia para fazer um ritual para descontaminar todos eles.

Além de Hayò, sua mulher também comparecia na maior parte das reuniões. Eles levam também crianças e jovens para que desde pequenos possam entender como funciona as negociações do portão para fora. Lá não são maioria, seus direitos são constantemente violados, como se não os tivessem, pelo menos não na prática.

As crianças eram ensinadas sobre a importância da cultura de sua aldeia, NaôXohã, do povo Pataxó Hã-hã-hãe, do seu idioma e de seus costumes. Ao mesmo tempo, o contato com o mundo lá fora lhes mostrava que não eram bem-vindos ali, mas que também não podiam viver em paz no seu mundo, dentro da própria reserva.

No fim de 2018, em uma audiência com a mineradora e integrantes de outros movimentos, eles já tinham falado sobre o problema das barragens. O homem não entendia, ele estava destruindo a natureza, algo que ele próprio precisa para sobreviver. Curas para o câncer, por exemplo, poderiam ser encontradas dentro da natureza se não a destruíssem. Ãngohó foi chamada de burra, ignorante.

Ela em uma das últimas reuniões leu algo que ela escreveu de próprio punho:

Brasil: mais de 500 anos de roubo de nossos recursos naturais[39]

"O Brasil é um país semicolonial. Nossa independência é uma farsa. Somos uma república de mentira há 129 anos. Como se pode qualificar crimes tão horrendos em série e premeditados? As barragens de rejeitos são bombas montadas e crimes premeditados. Seu rompimento é um verdadeiro atentado terrorista contra nosso povo e nosso meio natural.

Os diretores da Vale são os principais criminosos e os governantes seus cúmplices. Exigimos punição dos responsáveis por mais este crime hediondo, pelo fim imediato de todas as barragens de rejeitos, justiça para os mortos mutilados, familiares e atingidos pela Vale. Brumadinho. Samarco em Mariana. As classes dominantes locais (grande burguesia, suas frações compradora, burocrática e latifundiária) e seus governantes de turno aplicam a política de subjugação nacional.

Em essência é a política aplicada de forma crescente, desde a implementação do regime militar em 1964, passando por todos os governos eleitos dos diferentes partidos, até chegar no atual presidente que não se cansa de declarar sua condição de lacaio do imperialismo ianque.

Foi ato de Bolsonaro trazer as tropas assassinas do exército de Israel que há décadas despejam bombas e agridem covardemente o heroico povo palestino sob patrocínio dos Estados Unidos. Chegaram a Brumadinho mais do que isso porque trazer 136 militares de um exército genocida. Ora, vejam! Mataram nossos peixes, nosso rio, mas é tudo balela. Fizeram o mesmo em Mariana.

39 Texto original escrito pela própria Angohó. Só foram alterados erros de ortografia.

Hoje, 3 anos as mineradoras não entregaram as casas prometidas. Não pagaram um tostão das multas e seguem impunes. Ao contrário, a Vale continuando comprando políticos, fiscais e imprensa para continuar tirando minério. Da mesma forma como fizeram em Brumadinho e outras centenas de minas pelo país.

Sem a mobilização e a organização do povo em defesa de seus direitos e interesses, bem como de seus recursos naturais, nada mudará!

Vale assassina e terrorista!".

Ela não foi aplaudida de pé. Mas por causa da sua coragem de expor, sem medo, diversas denúncias, foi convidada pela Organização das Nações Unidas a participar do Congresso de Direitos Humanos que aconteceria nos próximos meses. Quem sabe ali ela seria ouvida de verdade. Quem sabe ali, talvez um dia tarde demais, o homem perceba que toda a natureza que ele está destruindo não tem preço, não tem volta.

Mariane, médica

"(...) fica todo mundo aqui querendo notícia, notícia, e tem esta pessoa que está lá, do outro lado, recebendo um monte de partes de corpos, um monte de material em decomposição, você tem que fazer uma análise madrugada adentro, também porque a gente pensa no paciente que está ali do outro lado, a gente pensa na família que ficou. Porque todas as vidas que chegam ali dentro têm histórias. E isto dói para a gente também. O médico também não é o frio, aquele que fica lá e vamos lá identificar o próximo. Não é assim".

Mariane estava no trabalho quando logo depois do almoço seu marido, Bernardo, ligou. Com a voz um pouco estranha perguntou se seus pais e seus irmãos estavam bem. Mariane não entendeu a pergunta. O que teria acontecido com eles que até aquele momento ela não estava sabendo? Havia estourado uma barragem.

Logo que desligou o telefone começou a procurar na internet informações do que tinha ocorrido. A barragem tinha se rompido e destruído várias casas no Córrego do Feijão. Neste momento todas as memórias vieram a sua cabeça. Ela que havia nascido na capital mineira tinha se mudado com quatro anos para a região com sua família. O pai havia começado a trabalhar nesta mesma mina quando ainda era de uma antiga mineradora. Apesar de ter mudado da cidade depois que foi cursar Medicina e trabalhar na capital, sua família e seu irmão ainda moravam na região.

Ligou para os pais com medo que eles não atendessem e sua preocupação foi crescendo. Assim que conseguiu contato pediu para que eles não saíssem de casa. A casa deles era numa parte alta, não daria para ser atingida pelos rejeitos. O mesmo pediu a um de seus três irmãos, que trabalhava no centro da cidade. Pediu que ele fosse embora logo para ficar com os filhos e a esposa em uma região segura.

Ela só pensava nos feridos. Se fosse realmente a proporção que muitos veículos de comunicação estavam noticiando, seriam centenas, se não milhares de pessoas atingidas. Mariane trabalha numa empresa que gerencia mais de 60 serviços de saúde em Minas Gerais e Espírito Santo. Falou com a chefe para que pudesse enviar o máximo de recursos para o local.

Começou a fazer contato com a diretora do consórcio do Paraopeba que atua na região, pedindo para reforçar as equipes dos dois municípios próximos ali, Sarzedo e Ibirité. Já tinha feito também contato com o maior hospital da capital, João XXIII, que já estava ativando o plano de catástrofe. Não sabia se a empresa conseguiria pagar por tudo, mas o desespero era tanto que só pensavam em ajudar neste primeiro momento.

Muitas informações em grupos de WhatsApp foram chegando. Eram informações muitas vezes contraditórias e desencontradas. Em um momento achavam que um ônibus da mineradora estava chegando com sobreviventes, mas este ônibus nunca chegava e nunca chegou, não era verdade. O Corpo de Bombeiros de Pouso Alegre, cidade localizada no sul de Minas Gerais, chegou a entrar em contato com ela para saber informações que ela própria não sabia.

Ligou para o secretário de saúde de Brumadinho, gerente da Unidade de Pronto Atendimento (UPA), para oferecer mão de obra médica, pois ela tinha contato com mais de seis mil médicos. Ela decidiu criar grupos com estes profissionais para ver quem poderia se voluntariar. Muitos médicos do país inteiro começaram a entrar em contato, se colocando à disposição para ajudar.

No pânico e na adrenalina com toda a situação, tinha esquecido de tantas pessoas conhecidas que poderiam estar entre estas vítimas. A primeira notícia que recebeu veio de sua cunhada. Ela contou que Sandro, marido de uma das suas grandes amigas, Maria Angélica, era um dos desaparecidos, pois ele trabalhava na mina. Esta foi apenas a primeira de muitas notícias que começou a receber. Luciana, funcionária que havia trabalhado muitos anos na casa de seus pais, também estava desaparecida.

À noite, chegando em casa, ficava com a televisão ligada e principalmente acompanhando notícias no celular de todos os grupos de médicos voluntários, familiares e amigos. Pela televisão ela via a mina em que diversas vezes visitou nas excursões da escola. Era difícil crer como tudo tinha sido destruído, sobrando apenas rejeitos. Bernardo, seu marido, iria chegar tarde naquele dia, estava fazendo uma cirurgia cardíaca, sua especialidade. A sogra foi ajudar a cuidar das crianças, seus dois filhos pequenos, em meio a toda aquela confusão. Mariane não conseguia dormir. Pensava em todos os conhecidos, no sofrimento das famílias das vítimas e chorava.

No dia seguinte, sábado, ela tomou a decisão. Não conseguiria ficar de braços cruzados, sem poder ajudar como todos os outros voluntários. Foi até o Instituto Médico Legal de Belo Horizonte, que por ser o único da região com certeza estaria cheio de familiares buscando informações. Ela que é médica da família e comunidade com certeza seria muito útil. Ligou para seu amigo, um médico que trabalhava no Instituto, para avisar que estava indo ajudar.

Quando chegou estava sendo montado um suporte de atendimento. A responsável pela Secretaria Estadual de Saúde, Doutora Lucineia, com quem Mariane já tinha trabalhado, estava organizando com os voluntários médicos, psicólogos e assistentes sociais uma estratégia para o atendimento às famílias.

O Instituto foi dividido em três espaços: uma parte, que era na rua de cima, ficava apenas análise dos cadáveres, depois outro espaço onde tinha a polícia civil recolhendo informações e nomes de pessoas desaparecidas e, por último, o espaço onde ela estava, um postinho que tinha sido montado, com medicamentos e equipamentos para acolher estas famílias. Mesmo sendo feito sem muita estrutura e falta de informações que demoravam a chegar de órgãos oficias da saúde, Mariane achava que a estrutura montada tinha ficado muito eficiente.

Tudo estava indo bem em relação aos atendimentos, até que chegou uma equipe de funcionários da mineradora, que a própria empresa tinha enviado para lá, para poder dar suporte para os familiares. Houve confusão e tumulto, muitas pessoas se exaltaram pela empresa que tinha sido responsável pela própria tragédia estar querendo prestar socorros. Por causa do problema ela, assim como outros responsáveis, orientaram que eles ficassem em outro local.

Mais tarde, ainda naquele dia, a mineradora enviou uma estrutura funerária para facilitar o processo de enterro dos corpos. Muitos familiares ficaram desesperados, pois até aquele momento muitos não imaginavam que haviam mortos; acreditavam fielmente que encontrariam seus parentes com vida. A prima de um de seus amigos que tinha perdido o irmão estava naquele momento dentro da mina, no meio da lama, tentando encontrá-lo. Este era apenas um dos casos das centenas de outras pessoas que tinham certeza que encontrariam as vítimas.

Num primeiro momento do atendimento no postinho, ela ficou ouvindo as pessoas que chegavam em busca de informações de familiares e amigos. Ela, assim como outros voluntários, ficava na dúvida se o melhor era nutrir a esperança de encontrar os parentes ou conduzir a pessoa a pensar em outra possibilidade. Alguns médicos do Hospital das Clínicas que também estavam fazendo atendimento informaram que o melhor seria se eles servissem apenas como escuta, acolhimento.

Na sua mesa, para longas ou curtas conversas, Mariane ouviu um pouco de tudo. O que mais doía eram relatos de pais que buscavam seus filhos. Ela como mãe pensava a todo o momento nos seus que estavam em casa e na dor que seria perdê-los. Muitas destas pessoas tiveram descompensações clínicas: crise hipertensiva e síncope[40]. Outras se esqueciam de se cuidar, tomar seus remédios, sem contar os inúmeros sintomas de problemas psicológicos acarretados daquela tragédia.

Além de dar apoio a estas pessoas, Mariane também foi uma das responsáveis por passar informações para contatos na cidade sobre os corpos que chegavam no IML, se já foram identificados, como também feridos que chegassem no Hospital João XXIII. Era uma forma, mesmo que pequena, de ajudar na divulgação de notícias verdadeiras. Durante todos os primeiros dias, e ainda meses depois, muitas informações falsas circulavam. Num momento começou a surgir listas de

40 Desaparecimento de fonema(s) no interior de vocábulo, perda dos sentidos devido à deficiência de irrigação sanguínea no encéfalo. Definição explicativa realizada pela própria entrevistada, Mariane.

pessoas que tinham sido encontradas e estavam no Hospital. Mariane que conhece médicos de dentro do hospital pedia para confirmarem e era sempre falso. O número era sempre pequeno de pessoas e davam os nomes, a lista oficial.

Assim como foi necessário os voluntários nessas áreas de atendimento, era fundamental os legistas voluntários que tinham ido ajudar na identificação dos corpos. Sempre que um corpo chegava Mariane lembrava da sua primeira vez dentro de um Instituto Médico Legal, quando era estudante de Medicina. Ela estava dentro da sala quando o legista foi chamado porque uma mulher estava procurando o marido. Com uma foto na mão, o homem desaparecido estava sorrindo, cantando parabéns ao lado de uma criança que ela imaginava ser o filho deles. Ela já tinha procurado nas delegacias, nos hospitais, e nada.

O homem estava dentro de uma das geladeiras do IML. Tinha sido assassinado. Como dar aquela notícia à mulher? Uma dor intensa apertou o peito de Mariane quando imaginou que ela voltaria para casa sem o marido, sem o pai de seu filho. Toda vez que uma família entrava no IML para identificar o corpo ela pensava nisso. Ela tinha escolhido a Medicina exatamente porque queria ajudar pessoas, acreditava nisso. Por isso, talvez, teve a sensação de como o trabalho do legista era solitário e triste.

Depois de um tempo, quando saiu da faculdade, pensou em se especializar exatamente nesta área. No dia da prova, que ela já tinha se inscrito, acabou coincidindo com uma viagem internacional que ela ia fazer de férias e que já estava marcada. Desistiu. Acabou indo para medicina de família e comunidade e ali acabou se apaixonando. Toda a sua vida profissional poderia ter sido diferente. Ali, naquele momento, poderia estar atuando em outro setor.

Ficou como voluntária ainda no domingo no Instituto até que na segunda-feira foi para a cidade. Lá visitou conhecidos, amigos que estavam com parentes desaparecidos. Era muito difícil saber o que dizer nestes momentos. Na casa de uma das suas melhores amigas que perdeu o marido, Maria Angélica, ela percebeu que as mortes iriam muito além da dor sofrida do luto, mas de uma mudança na vida daquelas pessoas.

Maria Angélica não tinha perdido as esperanças que iria encontrar o marido vivo. Poderia ter fugido, estar numa mata, quem sabe. Quatros dias sem água e comida, preso em algum lugar, seria quase um milagre se ele sobrevivesse. Nesta hora a racionalidade desaparece para todos. O sofrimento é tão grande que se acredita até o fim, até encontrar o corpo, que a pessoa possa estar viva.

Ela que tem duas filhas contou para Mariane que no dia anterior, no domingo, ela teve uma conversa com as filhas. Mesmo com a dor de não estarem com o pai elas tinham sido muito maduras, mais do que ela mesmo, desabafou. A mais velha perguntou como elas iriam viver dali para frente. Questionou se a mãe ia começar a trabalhar, se iria aprender a dirigir e como elas iriam ficar sem o pai. Mariane ouvia calada, concordando. Estava se colocando no lugar da amiga, da mãe. De como seria dali para frente criar as filhas sozinhas, de não ter mais alguém para dividir uma preocupação quando elas ficassem doentes.

Ficava preocupada nas consequências pós-traumáticas vividas por elas, por todos os outros amigos. A UFMG montou na cidade um local de atendimento para atender vítimas de *stress* pós-traumático. A mineradora também havia construído diversos pontos de apoio para atendimento às diversas demandas, uma delas, para apoio psicológico.

Era fundamental, pensava Mariane. Toda a tragédia tinha criado uma marca nela difícil de cicatrizar. Diferente de doenças físicas, corações partidos são impossíveis de se curar com remédios. Tratar, sim. Esquecer, nunca.

Junio, guia de turismo

"Nos dias assim, eu só parava, ficava com a mão na cabeça e ficava: por quê? Por quê? Por que isso com a gente? Ficava pensando muito em Mariana, mas quando é com a gente (...), a gente não quer que as pessoas tenham um retrato da cidade neste formato - que a cidade está debaixo da lama. Mas nós temos coisas maravilhosas, coisas incríveis, e a gente levar isso para uma questão política, realmente, de uma questão de descaso".

A arte é essencial ao ser humano. Às vezes em momentos em que a racionalidade, as palavras e os números faltam, é na arte e apenas nela que é possível expressar alguns dos sentimentos mais difíceis. Junio nunca estudou arte, mas acabou virando especialista por ter se apaixonado por ela. Talvez por desde criança ter a oportunidade de viver tão perto dela, de conhecer nomes que a representavam tão bem.

Naquela sexta-feira, dia 25 de janeiro, ele tinha acordado cedo, pois o fim de semana seria de muito trabalho. O dia era aniversário de São Paulo, feriado, o que trazia muitos turistas para conhecer Inhotim. Era muito comum o aumento da procura de paulistanos em feriados como aquele. Eram estes e os estrangeiros seus principais clientes. Estava com tantos passeios marcados naquele dia que chamou dois dos seus amigos mais próximos para ajudá-lo.

Já fazia um tempo que Junio tinha decidido seguir seu caminho de guia de turismo independente. Durante muito tempo trabalhou dentro do museu, muito antes mesmo de Inhotim virar museu. Ele cresceu acompanhando a construção de tudo aquilo. Ali, onde hoje é um grande estacionamento, era sua casa. Morava numa vila, onde depois de um tempo um homem muito rico se mudou para morar em uma grande fazenda ali bem perto. Ele contratava pessoas da região para trabalhar no local. Junio tinha dez anos quando foi trabalhar como garçom.

Bernardo Paes tinha herdado do sogro de seu primeiro casamento uma mina de exploração de ferro no Rio de Janeiro, a qual foi transferida para Minas Gerais. Na época estava desvalorizado, mas de alguma forma, como uma pessoa visionária que era, viu ali uma oportunidade. Ele era o único dos quatro irmãos que não tinha formação acadêmica. Comprou a parte dos outros acionistas, virando único dono. Começou a investir na venda para a China, enriquecendo muito. Tinha largado a vida na cidade grande e morava nesta grande fazenda. Dizia sempre que na cidade grande não se vivia, apenas sobrevivia com todo o estresse que as pessoas simplesmente se acostumavam. Tinha decidido que aquela vida não era para ele. Tinha se mudado para a fazenda. Os filhos e a esposa da época o visitava apenas nos fins de semana.

Junio e os outros funcionários escutavam os desejos de Bernardo de transformar aquele lugar num dos maiores museus a céu aberto da história. Ele era chamado de megalomaníaco, mas Junio sentia uma paixão verdadeira em toda aquela ideia que parecia maluca. No meio de uma vila carente, coqueiros adultos, caminhões e caminhões de cimento chegavam à região. Bernardo era uma pessoa complexa, assim como sua ideia para aquele lugar, com personalidade forte, manias, não à toa havia casado sete vezes. Ao mesmo tempo era uma pessoa sensível. Reparava que Junio ao fim do expediente às vezes não queria voltar para casa. Sem saber exatamente o porquê, disse para Junio que ele podia morar na fazenda se quisesse, podendo sempre ir visitar a família. Junio aceitou. Apesar de amar a família, ele tinha alguns problemas em casa: seu pai era alcoólatra.

Dentro da fazenda, como garçom, conheceu diversos artistas e paisagistas já consagrados. Bernardo era apaixonado por arte contemporânea. Começou a comprar diversos tipos de obras para expor no parque. O primeiro artista foi o nordestino Tunga. Ele é considerado hoje um dos maiores artistas vivos a expor no Louvre, na França. No meio da vegetação nativa ele trazia diversos tipos de plantas de vários locais do mundo. Ali naquele local também tinha sido uma área devastada para exploração de ferro. Para preservar esta história até hoje é possível perceber algumas árvores com caule branco, eucalipto-limão, eucalipto-cheiroso *Corymbiacitriodora*. Árvores originárias da Austrália, deixadas na área depois que uma mineradora trabalhou no local.

Bernardo construía lagos artificiais, pontes e edifícios. No total são 23 edifícios que se tornaram galerias de arte em uma região que havia apenas casas. Aos poucos foi comprando casas da vila para aumentar o museu que foi se formando. Em 2007 comprou a casa de Junio e de sua família. Com o dinheiro, a família conseguiu comprar uma casa no centro da cidade. Junio, por ter vivido tudo aquilo de perto, se apaixonou por arte. Todos seus três irmãos tinham trabalhado na fazenda, mas ele foi o único que quis continuar. Ainda bem jovem sonhava que seria guia de turismo para apresentar o parque para os visitantes pelos seus olhos. Como era antes e o que tinha se tornado. Vindo tudo de um sonho de Bernardo. Bebendo na varanda da casa ele contava para Junio e os outros funcionários seus planos mais loucos para aquele lugar.

Em 2006 ele foi aberto ao público, se tornando o famoso Inhotim. O nome veio de um inglês que cuidava da região na época que se descobriu o minério da região, chamado Timot. Como era uma pessoa muito respeitada, o chamavam de "Nhô (senhor) Tim". Derivando assim o nome do local, escrevendo: Inhotim. Um lugar tão diferente do resto que o rodeava. Parecia um oásis no meio de um deserto. Um sonho realmente que tinha se tornado realidade. E Junio se sentia participante de tudo aquilo, Inhotim também era sua história. Em 2012 tinha tomado a decisão de sair do parque, mas continuar sendo guia de turismo daquele lugar. Ele era como um "guia de turismo extraoficial", era pelo menos o que os funcionários do local o chamavam.

Naquela sexta-feira, durante toda a manhã, estava acompanhando dois casais, com quatro crianças no passeio turístico. Estavam no pavilhão da artista plástica Adriana Varejão, que, aliás, ele conhecia pessoalmente. Para ele esse era um dos prédios mais completos de Inhotim, que conseguia trazer uma mistura entre arquitetura, arte e paisagismo. As seis obras de Adriana que estão expostas mostravam bem a complexidade da artista que tinha tanto coisas simples do dia a dia, como uma notícia de jornal, uma frase num livro, como também obras maiores e mais complexas como um muro em Lisboa, uma piscina em Budapeste.

Tinha acabado de sair do prédio, estavam no carrinho indo para outro pavilhão, quando sua amiga Milena, que dirigia o carrinho, lhe chamou em voz baixa. Ele estava ao lado dela no carrinho enquanto os turistas ocupavam os bancos atrás.

– Parece que teve um rompimento da barragem!

– Qual barragem? – perguntou Junio pensando que poderia ser um alarme falso.

– Eu não sei, amigo, mas estou preocupada!

Junio olhou para trás com medo que seus clientes ouvissem e entrassem em pânico sem terem confirmação. De repente começou uma correria no parque. O local que era totalmente calmo, onde se escutava o canto dos passarinhos, tinha criado outra atmosfera, um clima tenso. Junio que até então estava calmo começou a ligar angustiado para seus irmãos e sua mãe. E se algo tivesse acontecido com eles? Começou a chorar no telefone, preocupado.

Foram todos para a entrada de Inhotim. Algumas pessoas queriam pegar seu carro no estacionamento para saírem da região o mais rápido possível. Carros de polícia já tinham fechado a passagem da saída de Inhotim para a estrada. Alguns outros turistas começaram a gritar no caixa pedindo seu dinheiro de volta. Até aquele momento não sabiam muito bem até onde a lama de rejeitos da barragem que tinha se rompido poderia chegar. Será que estariam seguros ali dentro de Inhotim?

O desespero no rosto das pessoas só deixava Junio mais angustiado. Os milhares de turistas, os funcionários, todas as pessoas se aglomeraram na entrada. Algumas pessoas choraram, outras gritavam. Outras simplesmente sentadas no chão, com o olhar perdido. Uma das suas clientes estava em estado de choque. Os filhos, sem entender toda aquela confusão, começaram a chorar. A menina puxava a saia da mãe, queria ir embora.

Junio se lembrava do desastre em Mariana que tinha assistido pela televisão. Não era possível que toda aquela tragédia iria se repetir. Conseguiu falar com seus irmãos e com sua mãe e estavam todos bem. Assim que os policiais liberaram a pista, muitos turistas foram embora direto pela estrada, muitos até deixando seus pertences, malas e documentos nos hotéis e pousadas da região.

Junio e seus dois amigos conseguiram pegar carona com um dos turistas que estavam voltando para o centro da cidade. Seus vizinhos que assim como ele moravam no centro estavam em estado de alerta. A notícia que circulava era que assim como as enchentes de dias muitos chuvosos, o centro poderia ser totalmente atingido pela lama. Durante todo o dia e a madrugada Junio permanecia tenso, como se a qualquer minuto algo pior pudesse acontecer.

Não tinha noção das horas. Ficava ligando e recebendo ligações de amigos e conhecidos para saber das notícias. Todos da sua família estavam bem. Em casa junto com a mãe, Maria, já idosa, tentava acalmá-la. Ficava preocupado que toda aquela tensão pudesse fazer mal a ela que já estava frágil de saúde. Dias depois ela teve que ser internada. Aos poucos foi se recuperando e teve alta.

Junio estava preocupado com tudo. Como faria para pagar as contas do mês em casa? Pela primeira vez estava sem trabalho. Não porque queria, mas depois daquela tragédia nenhum turista estava vindo para Inhotim. O museu que já estava com dificuldades de inovar suas atrações, por falta de patrocínio, agora estava em crise.

Eram muitos funcionários para pagar. Até nas quartas-feiras, dia que a entrada é gratuita, Inhotim estava praticamente vazio. Junio num dia, furioso, ligou para a mineradora. Será que ela tinha ideia do que tinha provocado na cidade? Na vida de cada um dos moradores? Junio tinha contrato com várias excursões de escolas paulistas que iriam visitar

Inhotim nos próprios meses. A agência ligou desmarcando. Depois do que aconteceu, nenhum pai ou mãe queria deixar seus filhos irem para lá.

A mineradora achava que podia pagar o silêncio de todos da cidade. Marcaram uma reunião com ele, mas no dia seguinte ligaram desmarcando. A empresa não entendia. O que as pessoas, muitas, realmente queriam eram a vida daquelas pessoas de volta. Queriam assim como ele que tinha perdido um amigo muito próximo, voltar a beber cerveja no bar para falar da vida, celebrá-la. Hoje, quando se vai no bar, um famoso no centro da cidade, só se escuta sobre a tragédia. Ninguém conversa ou vive mais sem pensar nisso. Todos os dias.

Pedro, repórter

"Olhei nos teus olhos e você me disse 'eu lembro de você'. Se isso aconteceu, foi lá por 2006, quando eu e Luiz nos formamos juntos. Talvez desta cerimônia tenha vindo a lembrança. Como orador da turma eu disse, ali, as seguintes palavras (...): 'Do nosso bom humor, ninguém vai deixar de recordar'.

Pedro acordou cedo para um dia que tinha tudo para ser tranquilo. Era dia 25 de janeiro, aniversário de São Paulo. E todo ano, pelo menos os três anos anteriores, desde que entrou na CBN, ele fazia cobertura jornalística das comemorações que envolviam este dia. Passava longe de ser obrigação e trabalho, já que ele é o típico paulista, paulistano, orgulhoso.

A emissora em parceria com o SESC e o Itaú Cultural realizou uma comemoração aos 465 anos da cidade, foi um show com música ao vivo. Contou com a participação de artistas como Zélia Ducan, Paula Lima e o rapper Rincon Sapiência. Ainda, uma palestra com o filósofo Mario Sergio Cortella. Pedro estava de manhã exatamente cobrindo este evento. Depois de toda a cobertura e de entrar ao vivo, Pedro foi almoçar no restaurante Halim juntamente com os produtores antigos do programa CBN São Paulo, Renan e Guilherme, e também com a atual produtora, Jéssica. Durante o almoço ele já programava seu dia. Voltar para a redação, terminar de fechar as pautas, enfim, aquele dia tranquilo, já para ir entrando no ritmo de suas férias, pois faltava apenas uma semana.

Estava no meio do prato, das conversas risonhas com Renan, Guilherme e Jéssica quando seu celular começou a apitar. Em avisos de aplicativos de notícias que seguia começou aparecer: Rompimento de uma barragem em Minas

Gerais. Sem muitos detalhes, Pedro continuou almoçando. Na televisão do restaurante mesmo, pouco tempo depois, imagens da lama, dos rejeitos da barragem, escorrendo ao longo do caminho.

Voltou para a redação e entre fechamentos de outras pautas e pendências começou a pesquisar o que já se tinha de detalhes sobre este rompimento. Começou a ligar para os prefeitos de municípios onde passava o Rio Paraopeba, além do ministro do Meio Ambiente, Ricardo Salles, e o Instituto Mineiro de Gestão das Águas. Até aquele momento pensavam que seria mais uma tragédia ambiental, como foi o caso de Mariana.

No fim da tarde, quando começaram a ter números aproximados de desaparecidos, Pedro começou a perceber que a tragédia não era apenas ambiental, mas humanitária. Já chegaram avisando-o que estavam comprando sua passagem e que logo cedo partiria para Belo Horizonte. A previsão era de ficar apenas poucos dias para cobrir o pronunciamento e a visita do presidente recém-eleito, Jair Bolsonaro. Já tinham, aliás, comprado sua passagem de retorno, no domingo.

Chegou em casa por volta das 22h até que já cansado fez as malas. Acordou às 05h30min, fechou a mala de mão e foi direto para o aeroporto de Congonhas. Estava meio atrasado. Contudo, sua tranquilidade permanecia, pois já tinha feito o check-in. Como sua mala era de mão não viu necessidade de despachá-la, até porque não teria tempo de esperar para pegar a mala na esteira, sendo que a chegada do presidente no Aeroporto de Belo Horizonte estava prevista para às 09h30min. Pedro foi um dos últimos a embarcar.

Na hora de tentar encaixar sua mala de mão nos bagageiros perto do seu assento já não tinha muito espaço. A aeromoça se aproximou e quis que ele despachasse a mala. "Eu não vou despachar", afirmou Pedro. A aeromoça tentou convencê-lo. "Eu estou indo para fazer cobertura da chegada e coletiva de imprensa do presidente no aeroporto, não posso atrasar pegando a minha mala!". A aeromoça deu de ombros e continuou insistindo. Por fim, já aceitando sua derrota e não querendo atrasar seu voo e dos outros passageiros, deixou despachar.

Um pouco antes das 08h30min já tinha chegado ao Aeroporto de Confins. O aeroporto que até então ele conhecia estava totalmente diferente. Estava com uma tensão no ar. As malas coloridas de crianças indo viajar para passar as férias em família se contrapunham às armas dos militares que se espalharam pelo aeroporto. A sala de imprensa estava preparada. Um dos motivos pelo qual foi escolhido para fazer esta cobertura é que estava com o credenciamento da posse presidencial. Antes de entrar no local preparado para sua coletiva teve que passar por um detector de metais.

Depois, claro, do incidente da faca com o então candidato à presidência, nada mais óbvio do que rodear o local próximo ao seu encontro com detector, pensou. Na mala de mão de Pedro, contudo, continha no nécessaire lâmina de barbear e uma tesoura. Queriam que ele abrisse a mala. A vergonha de ter que abri-la, expor cuecas e afins, para outros jornalistas no recinto começou a dominá-lo. Até que um assessor veio e disse que tudo bem, apenas poderia deixar a mala em um canto.

Durante a reunião entre ministros e assessores do presidente, Pedro enviou uma mensagem no telefone pessoal do ministro do Meio Ambiente, Ricardo Salles. Pedro queria saber qual seria e o valor das multas aplicadas à Vale. Ficou decidido que a mineradora teria que pagar uma multa de R$ 250 milhões porque cada infração da lei era R$ 50 milhões no máximo.

Ele e outros jornalistas foram informados que o presidente Jair Bolsonaro tinha apenas sobrevoado Brumadinho em um helicóptero e não daria coletiva de imprensa. Para saber mais detalhes e tentar novas fontes convidou para almoçar com ele o ministro Ricardo Salles e o presidente do Ibama, Eduardo Fortunato Bim. Descobriu por meio dos relatos deles que Bolsonaro tinha ficado impressionado com o tamanho da área devastada e com a densidade da lama. E tudo com tão pouco tempo de governo, lamentavam. Já era uma crise que teria que ser resolvida ainda com o governo se determinando e se modelando. No meio do almoço seu chefe mandou um furo de última hora: Ricardo Salles poderia ser afastado do cargo e assim do processo contra a Vale por conta das investigações de denúncias contra ele. Pedro mostrou a reportagem para o ministro que disse não saber nada sobre o caso.

Logo após o almoço saiu do aeroporto e foi direto para a pousada que reservaram para ele. Segundo seu colega da CBN que fez a reserva, foi difícil achar um lugar ainda disponível. Além de alta temporada em Inhotim, pelas férias escolares, os hotéis e pousadas começaram a ficar cheios de jornalistas para cobrir a tragédia da vez, a tragédia que o mundo estava dando enfoque no momento. A pousada tinha aquele ar de casa, de café da manhã acolhedor, aquele ar mineiro de ser mesmo, pensou Pedro. Tão diferente de metros dali: a cidade estava em caos.

Saiu logo após colocar as malas no quarto, direto para a Faculdade Asa onde estavam os porta-vozes oficiais que participariam das coletivas. Quantos desaparecidos até o momento? Quantos mortos? Qual a posição da Vale? Tantas perguntas ainda sem resposta... Logo depois foi até a Estação do Conhecimento onde tinha sido montado um ponto de atendimento e acolhimento de famílias das vítimas. Lá, entrevistou um homem que estava com o irmão e o sobrinho desaparecidos que trabalhavam na mineradora.

No fim do dia, Pedro postou algumas fotos que tirou de Brumadinho, da sua cobertura. Chegou cansado, tomou banho, e antes de pegar no sono ficou mexendo no celular. Amigos seus da época do colegial, alguns que ainda tinha contato e outros que há anos não se falavam, começaram a mandar mensagem: Luiz, um de seus colegas do colegial, era um dos desaparecidos. Helena, sua mãe, estava na cidade. Mandaram o telefone dela para que ele entrasse em contato.

Luiz, ele se lembrava dele. O famoso "Robin Wood", como o apelidaram, era conhecido na sala pelos seus bichinhos feitos de papel que colocava no parapeito da janela da sala de aula. Era também um dos principais responsáveis por provocar as risadas de todos da turma. Era do tipo questionador, com sacadas brilhantes, em pleno conservadorismo de um colégio católico em que estudaram em São Paulo.

No dia seguinte, no domingo, o alarme de perigo de um novo rompimento havia tocado de madrugada. Ainda sem muito conhecer os riscos e como estava a situação, Pedro decidiu ir até o Parque da Cachoeira, onde as pessoas estavam sendo retiradas de suas casas, pois corriam risco de nova tragédia. A chefe de reportagem da sucursal da CBN em Belo Horizonte, Lilavati, mandou um áudio pelo WhatsApp pedindo para que ele tomasse cuidado, não se tinha ideia dos riscos que ele poderia estar correndo indo até a região. Mesmo assim Pedro foi até o local e entrevistou Dona Adélia que havia perdido sua casa, juntamente com a casa das suas duas filhas. Estavam todas desabrigadas.

Mais ou menos às 14h47min houve um protesto das famílias em frente à Faculdade Asa. As famílias queriam que liberassem mais militares para ajudar nas buscas dos desaparecidos. Mais no fim do dia foi até a Estação do Conhecimento encontrar Helena. Ela estava juntamente com o marido, Vagner, padrasto de Luiz e a irmã que também estava desaparecida, Camila. Ele não se lembrava de Helena, isso ele tinha certeza. Mas ela se lembrou dele da época da escola. Afinal, ele tinha sido o orador da turma. Seu discurso falava sobre as lembranças das boas risadas que permaneceriam.

Helena tentava pela quarta vez adicionar os filhos, a nora grávida, o ex-marido e sua esposa na lista de desaparecidos. Helena e Vagner contaram que ao tentar novamente colocar o nome dos filhos no cadastro de desaparecidos haviam questionado a eles se algum dos familiares era funcionário da mineradora.

Ela ficou irritada. Por quê? Se fossem funcionários teriam preferência? Pedro, nervoso com os relatos ouvidos e a real falta de sensibilidade das atendentes e burocracia excessiva, bateu a mão na mesa e exigiu uma resposta, um retorno. Talvez se estivesse ali apenas como jornalista, isento de sentimento direto com alguma pessoa, talvez sua reação tivesse sido mais serena. Para ele, aquela cobertura já não era apenas mais uma cobertura.

Depois de conversar algum tempo com Helena e o marido, eles decidiram dar entrevista contando sobre o ocorrido. Luiz e a esposa, Fernanda, grávida de 5 meses, tinham vindo para o Brasil comemorar a notícia da vinda do primeiro filho e do casamento. Tinham viajado para Curitiba e Florianópolis e depois passado a semana com a mãe em São Paulo, sua cidade natal. No fim de semana iriam conhecer um lugar que Luiz sempre quis visitar, Inhotim. Ficariam o fim de semana com o pai, a madrasta e a irmã Camila.

A reportagem com Helena foi ao ar na CBN. Matéria que gerou bastante repercussão em São Paulo pela família ser da capital. Apesar do sucesso com esta reportagem e tantas coisas ainda por fazer, coletivas, entrevistas com outras pessoas afetadas, Pedro pensava o tempo todo em Luiz.

Helena, mãe

"Eu trabalhei muito, por tanto tempo. Me aposentei pensando que finalmente iria aproveitar meus filhos... e eles se foram, desse jeito..."

Na sexta, dia 25 de janeiro, Helena estava aproveitando o feriado e o início de sua aposentadoria. Depois de trabalhar muito tempo como economista para um órgão público, ela finalmente tinha se aposentado. Naquele dia ensolarado sua afilhada estava em São Paulo, e ela como paulista apaixonada, junto com Vagner, seu marido, foram levá-la para conhecer alguns locais da capital.

Andaram pela Avenida Paulista que estava fechada para os carros naquele dia. Crianças andavam de bicicleta, jovens andavam de mãos dadas, entre ambulantes que vendiam dos mais variados produtos aos artistas que utilizam da calçada seu palco para o mais curioso e diversificado público.

Helena estava radiante. Tinha passado os últimos dias com o filho Luiz e a nora que moravam na Austrália. Eles vinham para comemorar as boas notícias: não só iriam se casar, como Fernanda estava grávida de 5 meses. Helena seria avó pela primeira vez. Tinham viajado juntos para Florianópolis, depois Curitiba, cidade natal da família de Fernanda e, por fim, São Paulo.

Naquela sexta e no fim de semana Fernanda, Luiz e sua irmã Camila estavam em uma viagem com a família do pai, ex-marido de Helena, em Minas Gerais. Iriam conhecer Inhotim, sonho antigo de Luiz, arquiteto apaixonado por arte.

Helena ficou sabendo que seria avó logo depois do natal de 2018. Luiz e Fernanda mandaram para os pais dele e dela, e também para as irmãs, cartõezinhos por correio com a foto do primeiro ultrassom. Helena chegou em casa e pegou na portaria, juntamente com outras correspondências, um envelope cinza de plástico. Deixou na bancada, logo na entrada de casa, achando que era propaganda.

No dia 27 de dezembro, Camila foi jantar na casa da mãe e de Vagner, seu padrasto, e viu que a mãe não tinha aberto o envelope, que ela já havia recebido e sabia da notícia. Insistiu para que a mãe abrisse aquele envelope específico durante o jantar. Foi assim, de surpresa, que ela e Vagner souberam que seriam avós.

Ainda na Austrália, Fernanda e Luiz tinham feito um exame para saber o sexo do bebê. Mas foi apenas quando chegaram no Brasil em janeiro, em Florianópolis, em um jantar com a família de ambos, que decidiram abrir a caixinha. Se saísse papel azul era menino, se saísse papel rosa era menina. Já tinham as opções de nome: se fosse menina seria Elena, com "E", diferente de seu nome, e se fosse menino seria Bento.

Juntos abriram na frente de todos e as fitas azuis pularam da caixinha. Na hora do brinde em comemoração, o pai de Fernanda brindou em nome do neto: Lorenzo. Todo mundo começou a rir. Não era Lorenzo, mas Bento. Foi apenas alguns dias depois, já em Curitiba, cidade natal de Fernanda, que eles deram a notícia que tinham decidido que dariam o nome do filho de Lorenzo.

Helena estava feliz naquele dia, pensando nos filhos, Camila e Luiz, e o netinho que já, já chegaria para ser o mais novo integrante da família, conversando com a afilhada e Vagner na avenida mais famosa da cidade. Foram até o Museu de Arte de São Paulo quando, um pouco depois da uma hora da tarde, recebeu uma atualização de um aplicativo de notícias no celular: uma barragem tinha se rompido em Brumadinho, Minas Gerais.

Rapidamente pensou na família que estava na região. Pegou o celular e ligou para Camila, sua filha. O telefone estava desligado. Deveria estar sem sinal ou ela tinha desligado porque estava aproveitando, pensou. Quando pudessem falar, eles retornariam. Continuou seu passeio turístico.

Chegou em casa só no fim da tarde. Nem Camila e nem Luiz, tinham retornado. Tentou ligar mais uma vez e novamente o telefone estava desligado. Começou a ficar preocupada pensando que de alguma forma algo poderia ter acontecido com eles. O namorado de Camila ligou para ela falando da foto que Camila tinha lhe enviado às 11h57min da janela do quarto de onde estavam hospedados.

Naquele momento, o coração de Helena disparou. Mesmo tentando afastar os pensamentos negativos, ela começou a pensar se existia a possibilidade da família não ter ido para Inhotim de manhã, como pensara, e pudessem estar na pousada que foi atingida pela lama. Ela tinha visto pela televisão que uma pousada havia sido destruída. Com a ajuda de Vagner conseguiram falar com a central de atendimento de uma empresa que aluga imóveis para hospedagem. Pelo que Helena sabia os filhos iam alugar uma casa.

A atendente foi muito atenciosa quando Helena explicou que estava preocupada, pois os filhos não atendiam o telefone e estavam na região onde a barragem tinha se rompido. A atendente olhou no cadastro de algum membro da família, mas ninguém tinha alugado nada pelo aplicativo.

A madrugada avançava com Helena tentando entrar em contato com alguém de lá. Um nó na garganta se formava depois das milhares de tentativas frustradas de ligações não atendidas. Todos os celulares desligados, inclusive do ex-marido. Neste meio tempo, outros parentes começaram a ligar para saber notícias.

Sem conseguirem dormir, com o dia amanhecendo, Vagner que é mineiro pensou em alguém que podia ligar no Estado para ajudar de alguma forma. Lembrou de um conhecido delegado para tentar saber notícias do que estava acontecendo por lá. O amigo disse que em Minas Gerais já haviam comunicados pedindo que familiares de vítimas desaparecidas fossem até a região. Foi só ali que Helena começou a imaginar que a magnitude daquela tragédia teria sido muito maior do que se noticiava na televisão. Compraram passagens para o primeiro voo que encontraram para o aeroporto de Confins, Belo Horizonte.

Helena apesar da angústia de não ter tido ainda nenhuma notícia de ninguém da família, se aquietava pensando que com certeza teriam fugido. Talvez o local onde estavam hospedados podia nem ter sido atingido. Ao mesmo tempo sentia uma dor profunda, sentia com todo seu coração de mãe que algo tinha acontecido.

Ela não conseguia dormir, comer, fazer nada. Nada fazia sentido naquele momento. Ela só queria ouvir a voz dos filhos, vê-los... Voltar no tempo, que fosse, para que estivesse todos juntos de novo, como dias atrás.

Aquela tinha sido uma das noites mais longas de sua vida. Daquelas noites que sentia que poderia mudar sua vida para sempre.

Joel, pai

"Nesse momento desabei, pois detectei que minha filha, o Luiz, a Camila, o Adriano, a Malu e outras pessoas que estavam na pousada foram assassinadas da maneira mais covarde, mais cruel, que é aquela que tiram a chance da pessoa de lutar pela sua vida. A minha filha e meu neto foram mortos, foram assassinados, e os incompetentes e irresponsáveis dos medíocres engenheiros que traçaram aquele plano de segurança e aquela rota de fuga estavam vivos e não estavam sofrendo a dor da perda de uma filha e de um neto, como eu estava sentindo".

Eram 10h do dia 25 de janeiro quando Fernanda mandou uma mensagem para o pai, Joel. Tinha chegado bem em Belo Horizonte, o voo tinha sido tranquilo. Seu noivo Luiz e o sogro Adriano iriam buscá-la no aeroporto. Ainda naquele dia depois de deixar as malas na pousada iriam ter o primeiro passeio em Inhotim.

Joel mais tranquilo em saber que a filha tinha chegado bem, respondeu a mensagem: "Tudo bem, minha filha, se necessitar de alguma coisa me informa, tá?". Joel tinha ficado preocupado porque no dia anterior tinha levado junto com sua esposa e sua outra filha, Daniele, Fernanda ao Aeroporto Internacional Afonso Pena, em Curitiba. Ela iria pegar uma conexão em São Paulo e chegar no Aeroporto de Confins em Belo Horizonte onde encontraria Luiz, seu noivo, e sua família.

Contudo, o voo que Fernanda estava mudou de rota em virtude de uma negativa na permissão para pousar em Guarulhos, onde seria feita a conexão, pousando em outra localidade e somente momentos depois conseguiu retornar para São Paulo. Por causa disso, sua mala foi extraviada. Em decorrência de todos estes problemas acabou perdendo o voo do dia 24 para Belo Horizonte. A companhia aérea ofereceu que ela passasse a noite de quinta-feira em um hotel na região de Guarulhos e embarcaria para Belo Horizonte naquela sexta-feira logo cedo.

Esta viagem era para Fernanda passar uns dias com a família de Luiz, o pai Adriano, a irmã Camila e a madrasta Malu. Todos aqueles encontros não eram apenas para matar a saudade. Estavam comemorando a chegada do neto, Lorenzo. Tinham vindo da Austrália para visitar a família no Brasil e comemorar a notícia.

A mãe de Luiz, Helena, tinha passado uns dias com sua família em Florianópolis e depois em Curitiba. Foi em um jantar em família que Joel, que já é avô de Pedro de três anos, filho de sua outra filha, Daniele, descobriu que seria avô de mais um menino. Estava muito feliz. Neto era uma extensão da família... Bento era o nome. No brinde, desejando saúde ao neto que estava por vir, Joel o chamou de Lorenzo.

Lorenzo era um personagem aventureiro, destemido, de um dos filmes que ele gostava muito e que fala sofre a prática de apneia, de mergulho em grandes profundidades. Todo mundo riu na hora do brinde. Não era Lorenzo, mas, sim, Bento. Joel olhava a filha feliz e sentia uma grande paz no peito, com toda sua família reunida. Fernanda tinha passado por diversas fases ao longo do seu amadurecimento, mas com certeza estava vivendo sua melhor versão. Tinha sido uma menina moleca, daquela que faz arte, mas no fim dá um sorriso largo e um abraço apertado.

Na adolescência teve a fase muito vaidosa. Adorava se maquiar, comprar roupas e bolsas, cuidar do corpo, se vestir bem e desfrutar da vida de uma maneira um tanto quanto desprendida, ao mesmo tempo em que gostava do luxo e conforto. Se formou em administração e começou a trabalhar na empresa do pai. Logo que se aposentou como bombeiro, Joel criou uma empresa de engenharia de segurança contra incêndios. Contudo, a filha não estava realizada.

Angustiada, ficou um período sem saber o que fazer. Conversava muito com a irmã Daniele sobre isso. Decidiu que iria para a Austrália para aprender inglês. Lá havia se descoberto. Começou a se preocupar mais com sua saúde, pensando mais na qualidade de vida do que apenas na estética, estava cuidando de sua mente e espírito como nunca tinha feito antes. Adorava fazer exercícios e meditar... Queria viver de uma forma diferente, aspirava por uma vida mais tranquila e leve. Conheceu Luiz, se apaixonaram e não demorou muito para que ficassem noivos. A vinda do filho havia trazido ainda mais inspiração na vida de Fernanda. Joel sentia como ela estava feliz.

Dias depois deste jantar em que Joel descobriu que seria avô de outro menino, após retornar de uma feira de artesanatos, Luiz, seu genro, lhe deu um quadro. Nele havia uma prancha de surfe, esporte preferido do genro, um bonequinho que representava o neto e o nome: Lorenzo. Foi assim que Joel soube que o neto chamaria o nome que ele tanto gostava. Estava transbordando de felicidade. Tinham passado toda a semana juntos em Curitiba, até que no dia 24 Joel e a família tinham deixado Fernanda no aeroporto.

Naquela sexta-feira, dia 25 de janeiro, após mandar mensagem para Fernanda, Joel continuou trabalhando. Era mais ou menos na hora do almoço quando ele ouviu a notícia pelo rádio: uma barragem de minério tinha se rompido em Brumadinho. Não sabia se Inhotim, que a filha e a família de seu noivo iriam visitar, ficava na região. Mesmo assim, sentiu um mal pressentimento. Ligou para a filha. O telefone dava na caixa postal. Mandou várias mensagens que também não chegavam: "Responde, menina, por favor", enviou. Preocupado, decidiu ligar para a filha Daniele que sabia todo o trajeto de viagem da irmã para que pudesse averiguar se a região onde tinha acontecido o rompimento seria no mesmo lugar em que Fernanda se encontrava.

Sem ter nenhum tipo de confirmação onde Fernanda realmente estava, ele passou mal. Suas pernas tremiam, sentiu falta de ar e teve a impressão que poderia morrer. A esposa, em casa, sem saber de nada também passou mal naquela tarde. De alguma forma tinham sentido que algo tinha acontecido com a sua filha e seu neto. Daniele ligou confirmando. Inhotim era dentro da cidade que tinham noticiado a tragédia. Joel voltou para casa e lá começou um longo processo de apreensão e busca por informações.

Passou durante a noite daquela sexta-feira e durante todo o sábado telefonando para órgãos municipais, estaduais e também para as pousadas da região para que pudessem saber por meio da lista de hóspedes a localização em que estavam. Cada hora criavam uma teoria do que poderia ter acontecido, mas sempre acreditando que estariam sem comunicação, perdidos na mata, e que assim que conseguissem iriam avisá-los que estava tudo bem.

Naquele sábado Joel entrou em contato com Helena, mãe de Luiz. Helena e Vagner, seu marido, também estavam muito preocupados. À tarde, fizeram um pedido à empresa telefônica de quebra de sigilo telefônico para terem acesso à localização dos aparelhos deles. Mesmo explicando o motivo da urgência só foram atendidos dias depois. Entraram também em contato com concessionárias e seguradoras sobre o rastreamento do carro em que eles estavam e tiveram a informação de que o carro não possuía rastreador.

Daniele entrou em contato com a mineradora, também naquele sábado. Eles estavam efetuando o cadastro de desaparecidos. Fez por telefone e para garantir fez posteriormente por *e-mail*, pelo qual recebeu a confirmação de que os nomes da família tinham sido inseridos na lista. Só posteriormente descobriram que os nomes não tinham ainda sido incluídos. A ansiedade e o medo de que algo ruim poderia ter acontecido era dilacerante. Joel decidiu que iria para a cidade para buscar informações e iria avisando a filha Daniele e a esposa que ficaram em Curitiba.

Joel chegou no Aeroporto de Belo Horizonte na manhã de domingo, dia 27. A família de Luiz havia chegado no dia anterior. Combinaram de se encontrar no hotel na capital, onde estavam hospedados, para que pudessem ir juntos para a cidade. Foram para a Estação do Conhecimento onde funcionários da mineradora estavam passando informações para os familiares das vítimas. Estava um caos, parecia para Joel uma Torre de Babel, estavam perdidos e não passavam nenhuma informação.

Continuavam sem saber onde seus filhos, dele e da Helena, poderiam estar. O namorado de Camila, irmã de Luiz, mandou uma foto que ela havia mandado para ele na manhã daquela sexta-feira da janela do quarto. A legenda da foto era: "Estou pegando um sol, enquanto aguardo meu irmão e meu pai que foram buscar minha cunhada no Aeroporto". Por meio da foto conseguiram comparar com as fotos que haviam achado no Google da Pousada Nova Estância, a qual tinha sido atingida pelo mar de rejeitos. Helena havia mostrado a foto para um guia de turismo da região, Junio, que achava que se tratava da mesma pousada. Mas até aquele momento não tinham nenhuma confirmação.

Joel e Vagner com mais dois amigos da família foram fazer uma varredura nos hospitais da região e no Instituto Médico Legal, locais onde disseram que estavam sendo encaminhados os sobreviventes. Joel estava muito irritado. Em todo lugar que iam para buscar informações os funcionários da empresa não as passavam. Ao invés disso mandavam psicólogos para tentarem acalmá-los. Como acalmar um coração de pai e avô desesperado naquele momento? Queriam que eles simplesmente se conformassem, esperassem as informações sentados. Isso deixava Joel ainda mais angustiado. Sentia a todo tempo que estava sendo enganado por eles, uma tentativa de mascarar uma tragédia como aquela.

Foram ao Hospital e Pronto Socorro João XXIII em Belo Horizonte, onde mais uma vez os funcionários os atendiam com indiferença, sem passar nenhuma informação. Foi ali vendo o desespero deles que um rapaz veio falar com Joel e Vagner. Disse que era ex-funcionário da pousada que havia sido destruída e que estava acompanhando uma parente que estava internada com grandes lesões e que era funcionária da pousada. Pediu uma foto para que pudesse mostrar para ela. Quem sabe ela poderia confirmar se a família estava na pousada quando a tragédia aconteceu. Vagner deu a foto de Camila que tinha com ele.

O rapaz voltou logo depois com um ar triste nos olhos. Ela havia confirmado que Camila estava hospedada na pousada com uma mulher, Maria de Lurdes, e outros dois homens, Luiz e Adriano. Estes dois homens tinham saído logo cedo para buscar a noiva de Luiz, Fernanda, no Aeroporto. Haviam chegado e foram para seus quartos para que pudessem se arrumar para conhecer Inhotim. Estavam ainda em seus quartos quando a barragem se rompeu. Ela ainda disse que tentou avisá-los, mas não tinha dado tempo. Ela foi arrastada pela enxurrada de minério. Não sabia como estava viva.

Eles tinham agora uma confirmação, pensou Joel. Ainda assim, persistia dentro dele uma esperança de que a filha junto com a família poderia ter fugido antes, que poderiam ter se salvado. Decidiu ir com o amigo Gilson ao Centro de Operações do Corpo de Bombeiros, que havia sido montado na Faculdade Asa. Lá foram recebidos pelo Capitão Almeida que os convidou para uma pequena reunião para que pudesse detalhar a situação das buscas e, principalmente o que importava para Joel, como estava o local da pousada atingida.

Capitão Almeida havia explicado a dificuldade das buscas naquele local. Havia oito metros de lama em cima da pousada e por isso os socorristas não conseguiam adentrar por terra. As buscas estavam sendo realizadas por meio de helicópteros, até que conforme a lama ia secando poderiam enviar equipes de buscas para varreduras profundas. Diferente de Mariana, a lama de Brumadinho era pastosa, mais para sólida, o que impossibilitava a buscas com mergulhadores.

Joel como bombeiro aposentado entedia toda a gravidade do problema. Depois de todo o relato do Coronel uma grande dúvida pairava em sua cabeça em relação aos oito metros de lama. Queria ver com seus próprios olhos o local. Não sabia ainda como faria para ir até lá, já que todas as vias normais para chegar no lugar estavam interditadas. Foi quando ficou sabendo por Helena que Néia, gerente da Pousada, amiga do guia de turismo, Junio, havia confirmado que Fernanda e a família estava realmente hospedados ali.

Joel não pensou duas vezes. Pegou o telefone dela para que ela pudesse lhe ajudar a chegar na região por outro local. Ele não iria desistir. Vendo a imensidão de lama ele teve a certeza de que a filha e seu neto não estariam vivos. Ligou para a mulher e a filha para que não nutrissem mais alguma esperança. Agora teriam que torcer para encontrar os corpos.

Junio, Pedro, Helena, Joel

Domingo de madrugada o alarme tocou. Pedro acordou cedo para ir até a região conhecida como Parque da Cachoeira, onde se dizia que poderia ser afetado com o rompimento de uma nova barragem. Lilavati, chefe de reportagem da sucursal da CBN em Belo Horizonte, no WhatsApp mandava mensagens de áudio para que ele tomasse cuidado. Ela conhecia a região e caso ali fosse realmente afetado, como estava se falando, ele poderia estar correndo risco de vida. Pedro não só foi até a região como também participou de uma reunião que aconteceu entre moradores do local, representantes do Movimento dos Atingidos pela Barragem, Ministério Público e um porta-voz da Vale. O porta-voz do Ministério Público de Minas Gerais, o promotor André, era o que passava maior tempo com o microfone.

Pedro teve a pior das impressões em relação a ele. De camisa, destoando dos trajes informais do resto das pessoas, era extremamente arrogante. Enquanto algumas pessoas falavam e o questionavam, por exemplo sobre os familiares dos atingidos em Mariana não terem recebido, até aquele momento, a indenização, ele ficava conversando com outras pessoas e até rindo. O ar estava triste e tenso. Muitas pessoas ainda em estado de choque, sem acreditar que tinham perdido sua casa e tudo que tinham dentro, com as famílias divididas, com parentes ainda desaparecidos.

Ainda com tanta coisa acontecendo, que já tinha feito e o que tinha que fazer, coletivas, entrevistas, entradas ao vivo, boletins com números atualizados de sobreviventes e mortos, Pedro pensava todo o tempo em Luiz. No seu colega de turma de alguns anos atrás. Sua reportagem, que fez ao se encontrar com Helena naquele dia, a mãe paulista que estava com os dois filhos desaparecidos, além do ex-marido e a madrasta, já tinha ido ao ar e tinha virado destaque na imprensa. No fim, tinha feito uma promessa à Helena e iria cumpri-la. Toda vez que ele colocava o microfone na boca de qualquer porta-voz, sempre perguntava de Luiz e dos outros parentes da família.

Tudo estava sendo muito burocrático e difícil para Helena, como tentar pela quarta vez, sem sucesso, incluir o nome dos familiares na lista de desaparecidos. Helena, depois de brigar inúmeras vezes com funcionários da mineradora que eram os responsáveis pelo cadastro, ligou para um deputado em São Paulo que conhecia para pedir ajuda. Foi apenas com esta influência que ela conseguiu que na segunda-feira à noite, na segunda atualização do dia, os nomes dos seus familiares estivessem na lista.

Dois dias depois do acidente, Helena decidiu ligar para Junio novamente. Na primeira vez que se falaram, ainda naquela fatídica sexta-feira, ela tentava saber notícias dos filhos. Junio naquela noite atendeu o telefone surpreso. Com toda aquela confusão na cidade, tinha se esquecido completamente daquela família que ele iria guiar naquela tarde em Inhotim. A família não tinha entrado em contato com ele, lamentou. Desta vez, Helena ligava para ele estando em Brumadinho, na Estação do Conhecimento, onde as famílias buscavam por notícias dos desaparecidos.

Junio foi encontrá-los no local. Mesmo que não pudesse fazer muito por aquela família naquele momento, sentia que precisava ir até lá prestar sua solidariedade. Junio não perdeu nenhum parente, mas perdeu muitos amigos, familiares de amigos e vizinhos. Estava vivendo, mesmo que não diretamente, aquele luto. Helena sentada no chão olhava um mapa com o resto da família para saber onde seus filhos, o ex-marido e a madrasta poderiam ter fugido.

Helena em exaustão olhava o mapa diversas vezes para pensar em caminhos alternativos que os filhos poderiam ter percorrido e escapado do mar de rejeitos da barragem. Ela pediu para que Junio, que era morador nativo da cidade, falasse exatamente onde ficava a pousada que tinha sido atingida. Ela tinha descoberto por meio da foto que a filha enviou para o namorado que eles poderiam estar mesmo hospedados naquele local. O pai de Fernanda, Joel, que foi bombeiro e agora estava aposentado, arquitetava diversos planos de buscas específicas para achar os entes.

Helena tinha ficado sabendo por meio da família de seu ex-marido, Adriano, pai de Luiz e Camila, que tinha sido ele quem fez a reserva dos quartos. Os filhos queriam alugar uma casa por meio de um aplicativo. No fim, Adriano que já tinha ficado ali na pousada, que era muito conhecida na região, insistiu que se hospedassem ali.

Junio vendo o desespero da família de Luiz e Fernanda decidiu ligar para uma amiga, Néia, que era gerente na pousada. Ela confirmou que a família estava realmente hospedada no local. Néia tinha certeza que a família estava dentro dos quartos, se preparando para ir para Inhotim, quando a barragem se rompeu. Era impossível terem sobrevivido... O alarme não tinha tocado, ninguém foi avisado. Todos os funcionários da pousada, assim como ela, já tinham passado por um tipo de treinamento caso ocorresse algo como aquele episódio. Mas infelizmente nada foi alertado. Ela só não havia morrido por sorte. Tinha saído minutos antes do rompimento para almoçar em casa, que era próximo da pousada.

Junio pensou diversas vezes se deveria e como contaria isso para a família de Helena e Joel. Chamou os primos mais novos e separadamente do restante da família contou o que a amiga tinha falado. Eles choraram muito, se desesperaram. Os primos concordaram em não falar nada à família. Depois de poucos dias eles pediram para os responsáveis da Estação do Conhecimento uma sala privada, onde a família pudesse toda se reunir. Dentro desta sala Helena ficou sabendo das pequenas, nulas chances de encontrá-los.

Foi numa terça-feira, quatro dias depois da tragédia, que Helena recebeu o primeiro telefonema. Tinham encontrado o corpo de Luiz. Pedro, à noite, recebeu por meio de uma mensagem de Helena a notícia. Pedro naquele dia havia percorrido vários quilômetros para acompanhar até onde a lama tinha avançado pelo Rio Paraopeba. Tinha visitado uma aldeia indígena que vivia a poucos metros do rio, mas foi em Juatuba nas margens do rio, vendo o contraste entre o rio envenenado pela lama e a borboleta que voava ali perto, que ele tinha pensado em escrever uma carta para ela.

Ali naquele momento, mesmo tendo pensado o dia todo sobre o que queria dizer, ele não tinha muitas palavras. Depois de tantas emoções mescladas, difíceis, Pedro entrou no banho e chorou. Chorou pela morte de Luiz, chorou por toda a desgraça do ocorrido. Mesmo sem saber muito o que dizer, com a voz embargada, mandou alguns áudios para o WhatsApp de Helena dizendo que sentia muito. No outro dia, quarta-feira, bem cedo ele voltava para São Paulo.

Já dentro do avião na volta ele pensava em tudo que tinha vivido naquela cobertura. Ele sempre diz que se retorna modificado de alguma forma depois de uma cobertura como aquela. Lembrou da tragédia com o avião onde estavam jornalistas e jogadores do time Chapecoense. Ele estava lá durante o velório coletivo. Lembra que se emocionou. Mas cobrir aquela tragédia mineira tinha sido diferente, uma tristeza diferente, mais intensa.

As memórias de Luiz na sala de aula não pararam de passar pela sua cabeça. Tudo parecia errado. Injusto. Amargo demais. Ele esteve como repórter ao lado de pessoas que perderam tudo... Que sequer casa tinham mais. Os hotéis e pousadas lotados, preparados para receber turistas alegres, foram surpreendidos pela chegada de familiares enlutados e socorristas quase desorientados.

Pedro sabia que aquela cicatriz que havia criado nele não era apenas mais uma experiência profissional. Era uma experiência de vida. Iria levar aquela dor, principalmente de Helena, por toda sua história.

Carta de Joel[41]

(...)

"Alguns dias após a cremação do Luiz, Camila e Adriano voltamos para Curitiba, de onde monitorávamos toda a evolução das buscas, porém, no dia 15 de fevereiro minha esposa e eu retornamos para Minas Gerais, ficamos hospedados em Belo Horizonte, com o objetivo de acompanhar o andamento das buscas de perto e também do andamento das coisas no IML, pois todos os problemas que vivenciamos, por muitos momentos, acreditávamos que o corpo já poderia estar no IML, porém sem ser identificado, desta forma precisávamos estar sempre por perto.

Neste dia chegamos e fomos direto para a Base de Resgate II, no Córrego do Feijão, onde falamos com militares do Corpo de Bombeiros, responsáveis pelas buscas, para os quais perguntamos se com o tempo prolongado das buscas, se ainda estavam achando corpos inteiros ou apenas fragmentos, foi quando nos relataram que por coincidência, naquela tarde, um pouco antes da nossa conversa, haviam achado dois corpos em estado de conservação ótimo e que um deles era de uma mulher (a mulher relatada era nossa filha Fernanda e nós não sabíamos).

Então, o corpo de minha filha Fernanda foi encontrado no dia 15 de fevereiro, mas fomos avisados pelo IML apenas no domingo, dia 17/02, pela manhã. Nesta manhã ligaram para a minha filha Daniele, que estava em Curitiba, e perguntaram se a Fernanda estava grávida e descreveram as

41 Trecho final da carta escrita por Joel finalizada no dia 04 de abril de 2019 sobre sua experiência vivida no momento que soube do desaparecimento da filha até posteriormente o encontro do corpo. Permanência do texto original, apenas com modificações de erros ortográficos.

tatuagens dela e perguntaram se eram as que ela possuía no corpo. Diante das informações positivas de minha filha, confirmaram que o corpo havia sido encontrado e que poderíamos ir até o IML para efetuar a liberação.

Como eu e minha esposa já estávamos em Belo Horizonte fui logo para o IML, chegando às 08h30min, lá a atendente nos entregou a declaração de óbito, na qual dizia que a causa da morte era "indefinida, aguardando exames" e de que não haviam encontrado o feto no corpo da minha filha. Não concordei com tal fato. Portanto, logo que nos informou que teríamos que conversar com o legista, Dr. Leonardo, o qual havia periciado o corpo de minha filha no sábado, pois ele necessitava conversar conosco.

Fomos acolhidos em uma sala do IML e o Dr. Leonardo começou a nos relatar os procedimentos realizados e justificar algumas decisões tomadas em relação ao relatório para a emissão da declaração de óbito. Estavam aguardando exames complementares de tecidos retirados para análise, mas que resolveu liberar o corpo desta forma para que pudéssemos sepultar ou cremar logo.

Informou-nos também que apesar do corpo da Fernanda ter sido encontrado há mais de 20 dias depois da tragédia ele estava em perfeito estado de conservação, portanto não fora necessário exame de DNA, nem de arcada dentária e tampouco fazer o reconhecimento, pois o corpo foi identificado pelas digitais e sinais particulares, tais como tatuagens e outros dados pessoais fornecidos anteriormente ao setor de cadastramento. Disse-nos também que a única vestimenta que estava no corpo da Fernanda era sua calcinha. Informou-nos que o fato de solicitar exames para determinar a causa da morte foi devido ao corpo não apresentar nenhum traumatismo e nem lama no aparelho respiratório, diferentemente das demais vítimas provenientes do rompimento da barragem, que quase unanimemente a causa mortis era visível a olho nu e que todos até então sofreram traumatismos múltiplos e asfixias por ingerirem involuntariamente resíduo pastoso (lama ferrosa e outros minérios).

Também solicitou os exames complementares por saber que a vítima estava grávida de cinco meses e não encontrou o feto em seu útero. Fato esse que o fez coletar materiais do útero e dos seios para comprovar também a gravidez. Foi quando perguntei ao legista quais as causas possíveis para este fato, o mesmo me respondeu que possivelmente a Fernanda havia, por forças externas, expulsado o feto (pressão externa sobre a região abdominal que poderia ter acontecido). Perguntei se por ela estar vestida com calcinha, esse fato não seria um motivo impeditivo para a expulsão do feto. O mesmo afirmou que não, pois a calcinha estava deslocada e não oferecendo obstrução nenhuma.

Questionei mais uma vez por que o relatório da causa da morte estava em aberto e indefinido. O mesmo deu a mesma informação, de que a razão foi para que os familiares pudessem, com a declaração, fazer a certidão de óbito e efetuar o funeral da Fernanda e que o atestado de óbito não tem outra finalidade a não ser para a liberação do corpo para o sepultamento e que o documento juridicamente válido é o laudo técnico com a causa da morte, o qual sobressai ao atestado de óbito. Então marcamos para segunda feira, dia 18 às 08h30min, de voltarmos ao IML, para efetivar o atestado de óbito e dar andamento ao velório e cremação. Porém, nesse meio tempo, não por duvidar do médico mas por cautela resolvi não aceitar fazer o atestado de óbito, baseado em uma declaração de óbito com a causa da morte indefinida.

Voltei ao IML na segunda pela manhã, junto com minha esposa, falei para a atendente que precisava falar novamente com o Dr. Leonardo, no entanto o mesmo não estava e quem nos atendeu foi um dos diretores, o Dr. Ricardo. O mesmo nos levou para uma sala de reuniões e convocou outros legistas para participar, questionei novamente sobre as legalidades do parecer e o porquê das demais vítimas, até então, não terem estes entraves e a minha filha era a única. Eles me explicaram que o Dr. Leonardo era muito criterioso nas suas avaliações, um médico inquestionável e que poderíamos ficar tranquilos, pois ele estava fazendo o melhor.

Falei para eles que pretendia fazer a cremação do corpo da minha filha, mas queria saber deles se o fato de um possível atestado de óbito com causa de morte indefinida não seria um risco muito grande em caso da necessidade de coleta de novos tecidos para uma contraprova e também a não descrição de que ela estava grávida na certidão de óbito não seria um empecilho para afirmações futuras concretas e verdadeiras. Pois para mim o cenário era único e claro: ela foi morta pelo mar de lama que a pegou grávida.

Então, eu não esperava nada menos dos médicos do que a causa da morte e a constatação e afirmação sobre a gravidez. Então um dos médicos presentes, Dr. João, respondeu que não aconselhava a cremação, foi quando o Dr. Leonardo adentrou a sala de reuniões, onde estávamos, e informou que o material coletado por ele era suficiente para realização dos exames e que não necessitaria de contraprova, que poderíamos cremá-la.

Mesmo assim continuei com a minha convicção de aguardar os resultados dos exames em andamento, para que o atestado de óbito pudesse sair de forma correta e inquestionável. Então perguntei aos médicos presentes se haveria a possibilidade do corpo da Fernanda permanecer no IML até que os exames fossem concluídos e disse ainda que no início, logo após a tragédia, esperava encontrar minha filha e meu neto, que estava em seu ventre, juntamente com todos os demais membros da sua família com vida.

Porém, com o passar dos dias as esperanças de encontrá-los com vida passaram a não mais existirem, passamos a nos consolar em achar os corpos para que pudéssemos dar um destino digno. O corpo da minha filha tinha sido encontrado, eu já tinha essa certeza e esse acalento, portanto diante de tudo isso que vivi eu lhe disse que preferiria esperar para retirar o corpo dela dali somente após a conclusão dos exames, esperaríamos o laudo definitivo.

Nossos advogados, em Curitiba, entraram em contato com o IML e também fizeram todos os questionamentos e afirmaram que eu não aceitava essa certidão sem causa morte e não identificação da gravidez, que não aceitaríamos em hipótese alguma e não faríamos o atestado de óbito naquela situação. Nesse momento, também em Curitiba, minha filha Daniele entrou em contato com o obstetra que atendeu a minha filha Fernanda e com o médico responsável pela ecografia que ela havia feito dias antes de sua morte. Juntou todos os documentos comprobatórios da gravidez e se deslocou até Belo Horizonte no dia seguinte, terça feira, dia 19/02.

Chegando em Belo Horizonte, minha filha e eu fomos até o IML, conversamos com o Dr. Ricardo, o qual a esclareceu alguns pontos, mas diante dos questionamentos apontados por ela e pela insistência dela em querer ver o corpo, o que eles não queriam que fosse feito, ele convocou uma nova reunião, essa na parte da tarde. Nesta estavam vários legistas, o diretor geral do IML, os demais membros da diretoria e mais o Dr. Leonardo, que fez os exames no corpo da minha filha Fernanda, foi quando eles resolveram mostrar algumas fotos do corpo da Fernanda.

Como não queriam atender ao pedido da Daniele, de reconhecer o corpo pessoalmente, eles acharam por ora que mostrar as fotos nos acalmaria. Então nos mostraram o laudo com as fotos que já havia sido elaborado, porém não estava concluído. Foi nos contado e nos mostrado toda a parte técnica e os motivos pelos quais ainda não sabiam a causa da morte e não haviam achado o feto.

O Dr. Leonardo disse que os exames que comprovariam a causa da morte e a gravidez ficariam prontos em até dez dias, mas ele iria pedir ao laboratório para dar ênfase aos exames da Fernanda e que assim que concluísse tudo me ligaria avisando. Ele recebeu então nesse momento o exame morfológico, os exames de sangue, os laudos apresentados pelos dois médicos que atenderam a Fernanda e atestaram a gravidez.

O diretor do IML, neste momento, nos pediu que devolvêssemos a via da certidão de óbito que haviam nos entregue no domingo para que pudessem anexar as outras vias do talonário e efetivar o cancelamento da mesma, pois nos seria fornecida outra com a identificação da gravidez e causa da morte posteriormente.

Então retornamos para Curitiba e nos programamos para voltar no próximo final de semana para Belo Horizonte. Ligamos todos os dias para o Dr. Leonardo, fomos insistentes, pois não nos aguentávamos, foi quando na sexta-feira ele nos disse que havia periciado mais duas vezes todo o corpo da Fernanda. Diante disso não tinha mais dúvida da causa da morte e que também não tinha dúvida quanta à gravidez, a qual foi detectada por meio de um dos exames e poderíamos ir para Belo Horizonte.

Chegando a Belo Horizonte, fomos até o IML, onde o Dr. Leonardo e sua esposa (também legista) nos esperavam para nos apresentarem o relatório pós-exames e pós novas pericias do corpo. Com causa da morte, que fora por asfixia por inalação de materiais sólidos pastosos (lama) e também de múltiplo traumatismo craniano e que também por meio das análises dos tecidos coletados das mamas constatou realmente a gravidez.

No dia 25 de fevereiro recebemos a nova e última declaração de óbito, com as informações corretas. Tão logo já fizemos o atestado de óbito e marcamos a cremação de minha filha, a qual só foi possível ser realizada em Minas Gerais mesmo, devido ao tempo do corpo após a morte. A cremação ocorreu no dia 28 de fevereiro, às 14h, no Cemitério Parque Renascer. Um dia após a cerimônia nos foi entregue as cinzas, que trouxemos para nossa cidade, Curitiba.

No dia 14 de março realizamos uma cerimônia de gratidão à vida da Fernanda e do Lorenzo aqui conosco e de culto às cinzas para que todos os amigos e parentes pudessem se despedir por meio dessa última homenagem. Foi mais de um mês de angústia, dor, sofrimento para encerrarmos esse ciclo.

Esse ciclo se encerrou, mas a minha vida e de minha família nunca mais será a mesma, convivemos diariamente com uma dor que parte o coração, tiramos força não sei de onde para nos mantermos vivos. Continuamos trabalhando no automático, pois não vemos mais o mesmo sentido em viver, a dor de perder uma filha e um neto, para mim e para minha esposa, a dor de perder uma irmã pela minha outra filha. Não consigo mensurar essa dor, ela é imensurável.

Dói na nossa alma essa história toda, dói ver a impunidade dos envolvidos, dói ver que teremos que lutar muito e talvez sem êxito, contra o judiciário de um país todo, que define o valor máximo de uma vida. Esse valor tem que ter representatividade perante a tragédia para que os culpados não cometam mais crimes como esse. Eles são reincidentes, eles matam, eles transformam vidas em cifrões e quando os cifrões dessas vidas representam um valor menor dos que os cifrões para trabalhar corretamente, com segurança, sem por vidas em risco eles apenas matam e matam, não pensam duas vezes.

Espero que um dia esses cifrões que representem as vidas humanas, cálculos feitos pela Vale, forem maiores do que eles imaginam, aí sim vislumbro uma salvação e passarei a acreditar que não terão mais vítimas como minha filha, meu neto, meu genro, sua irmã e mais tantos mortos sendo assassinados desta forma.

Hoje é dia 04 de abril de 2019, dia em que estou redigindo os últimos parágrafos desta história, termino com grande tristeza por mim, por minha família, pela família do Luiz e da Camila, pela família do Adriano e pela família e filhos da Maria de Lurdes, a qual o corpo ainda não foi encontrado.

Finalizo agradecendo a Deus por ter me dado força e paciência para encarar e viver este momento de grande dor, sem ter o entendimento do porquê e para quê. Agradeço também pelos meus familiares, amigos que tanto me confortaram e me confortam, mas afirmo que nunca mais nada será como antes, porém tenho a certeza de que enquanto vida eu tiver lutarei para que os irresponsáveis que causaram esta infinita dor sejam punidos de forma exemplar e que nos pague por tudo que passamos e pelo o que ainda vamos passar e lutarei para que outras famílias não passem pelo que estamos vivendo".

Helena, Junio

Helena ficou muitos dias em Brumadinho. Logo após Luiz, o Corpo de Bombeiros encontrou o corpo de Camila, sua filha. Mas ainda não tinha sido encontrado o corpo de Fernanda, seu ex-marido e a madrasta. Antes de ir embora de vez para São Paulo, Junio a convidou para conhecer Inhotim. Helena foi.

Entre sorrisos e muitas lágrimas ela entendeu porque o filho arquiteto queria tanto conhecer aquele lugar. Em tudo, na forma dos grandes monumentos dispersos pelo local, se lembrava de Luiz. Ou nas flores e no lindo sol se lembrava de Camila. Se ela tinha alguma certeza era de que os filhos estavam na sua melhor fase.

Luiz, com 31 anos e grande sucesso profissional e na vida pessoal, iria se casar e já estava ansioso para vinda de seu primeiro filho. Camila, depois de alguns anos lutando com um período sombrio da depressão, finalmente tinha se encontrado na profissão. Namorando há pouco tempo, tinha confessado para a mãe que estava muito feliz, que pela primeira vez estava apaixonada. Depois de muitas dúvidas, altos e baixos, tinha finalmente encontrado seu caminho.

Os dois, apesar de irmãos, eram muito diferentes. Talvez por isso, pensa Helena, que se gostavam tanto, eram muito carinhosos um com o outro. Luiz era assim, leve, fácil de conviver e com uma determinação sem igual. Já Camila, desde pequenininha, era de personalidade forte. Helena tinha se separado dos pais de Camila e Luiz quando Camila tinha seis e Luiz quatro anos.

Tempo depois Helena conheceu Vagner e se apaixonou. Camila não dava muito espaço para ele. Espaço este talvez que ela tinha medo que fosse ocupado pelo seu pai de verdade. Um dia, quando seu pai não foi na sua festa junina da escola, ela ligou para falar com ele. Concordou com a cabeça ouvindo as explicações. Desligou o telefone. Pegou um dos convites da festa e entregou para Vagner dizendo: "Hoje você é meu pai". Vagner foi pai dela e de Luiz daquele momento em diante.

Luiz nem sempre quis ser arquiteto. Por gostar muito de desenhar queria ser artista plástico. Luiz desenhava desde novinho, o que trazia muitos problemas para ele ainda estudante. O ano letivo mal havia começado e Helena já era chamada na escola. Luiz, ao invés de estar prestando atenção nas aulas, estava sempre desenhando no caderno. No colegial, ao falar para Helena que queria ser artista plástico, Helena o advertiu. Ela, economista, se preocupava com as dificuldades financeiras que o filho poderia sofrer no futuro. Ele poderia escolher a profissão que quisesse seguir, mas sabendo de antemão de todos aqueles desafios. Seu coração de mãe sossegou quando ele avisou que iria fazer arquitetura.

Passou na faculdade e diferente da época de escola Luiz tirava ótimas notas e tinha se encontrado. Por outro lado, a irmã, Camila, dois anos mais velha, já tinha sido ao contrário. Não sabia o que queria fazer. Só sabia que depois de um ano de cursinho entraria em qualquer curso que fosse fácil de passar. Havia prestado filosofia. Quando questionada pelas amigas ou pelos familiares o que trabalharia depois de formada, ela dizia que professora. Uma das amigas perguntou, se ela pensou que ao ser professora teria que dar aulas para alunas como ela, questionadoras, rebeldes. Ela logo repensou.

Trancou a faculdade depois de dois anos e meio e foi fazer um curso de francês em Genebra, na Suíça, morando seis meses lá. Helena acha que esta viagem foi importante para que Camila repensasse o caminho que queria seguir. Logo que voltou ao Brasil escreveu uma carta de próprio punho ao reitor da Universidade para que pudesse trocar de curso. Conseguiu mudar para o curso de Direito.

Luiz começou a fazer estágio no primeiro ano da faculdade. Todo o salário que ganhava guardava para que pudesse estudar fora, assim como a irmã. Na época, ele tinha uma namorada que queria ir nas baladas e Luiz não ia, pois não queria gastar o dinheiro que estava juntando. Depois de formado e trabalhar alguns anos em uma empresa em São Paulo, ele decidiu em 2014 fazer um curso na Universidade de Sydney, na Austrália. Lá ele iria juntar suas três maiores paixões: *design*, tecnologia e surfe.

Depois que acabou o curso, ansioso de que teria que voltar ao Brasil, mandou seu currículo para diversas empresas para que conseguisse arrumar um emprego. Conseguiu ser contratado por um escritório. Em quatro anos ele recebeu sete promoções e dois prêmios. Acabou conhecendo Fernanda e se apaixonaram, tanto que em 2017 começaram a morar juntos. Comprou um anel com pedras raras de Madagascar, que mudavam de cor em contato com luz natural e luz artificial. Depois de pedi-la em casamento, ele mandou a foto do anel para a mãe para contar a notícia.

Helena, no dia ensolarado em Inhotim, olhava o reflexo azul do céu na água do rio. Em dias tão nebulosos e cinzas, ela se permitiu dar, pela primeira vez depois de tantos dias, um sorriso. Aquela dor da perda era dilacerante, como se algo a estivesse matando por dentro. Ali, pensando nos filhos, ela teve alguns momentos de paz. Ela não sabia onde os filhos estariam naquele momento, mas pensava com toda sua fé que se existisse um outro lugar, eles com certeza estariam num lugar lindo e que um dia voltariam a se encontrar.

Se o ser humano vem para a Terra com uma missão, a dela com certeza era ter sido mãe deles. Isso ela tinha certeza.

UM TOUCH EM NOSSAS VIDAS[42]

Queria agarrar
E não soltar mais
Mais um pouco de esperança
Mais um pouco de lembranças

Queria agarrar
E não soltar mais
Todos os sorrisos que vinham fácil
Todos os sonhos – agora – enlameados

Queria agarrar
E não soltar nunca mais
Luiz, Camila, Fernanda, Lorenzo...
E tantos outros que estão em Brumadinho

Queria agarrar também o braço dos responsáveis e gritar:
"Por que tanta ganância?"

Queria agarrar os laudos reprovados
Os alertas ignorados
Queria olhar na cara dos engravatados e perguntar:
"Se já sabiam, por que deixaram isso passar?"

42 Poesia de Daniela, amiga de Luiz. "Touch" era um dos apelidos de Luiz na adolescência.

Mais uma vez
Queria agarrar também a caneta do presidente
Queria impedir que as leis fossem afrouxadas
Que o verde fosse devastado
Que o Brasil fosse ensanguentado
E que mais vidas fossem levadas.

Gabriel, criador

“(...) imagina você perder um ente querido seu, muito próximo mesmo, e você tem que negociar o quanto vale a vida da sua filha, por exemplo. Dá vontade de você pegar e falar: a vida da minha filha vale o mesmo tanto que a sua, eu quero a sua vida”.

Na sexta-feira, dia 25 de janeiro, Gabriel tinha acabado de almoçar, estava em casa, quando recebeu um áudio em um dos grupos de seu WhatsApp, de corrida. Ouviu o áudio: era uma voz masculina falando, quase gritando, que uma barragem da maior mineradora da cidade tinha se rompido. Pensou na prima Juliana que trabalhava na empresa. Ligou para o marido de Paula, irmã de Juliana, para saber qual exatamente a mina que ela trabalhava: Mina do Feijão, ele respondeu sem entender.

Tanto ele como Paula não sabia do rompimento. Gabriel contou e conseguiu ouvir pelo telefone o desespero da irmã, preocupada. Não sabia o que podia encontrar lá, mas ele iria até a barragem, quem sabe estava tudo bem, apenas a linha telefônica não estava funcionando. Passou para pegá-la e foram até a entrada da empresa. Uma barragem policial já tinha se formado na frente. Ninguém poderia passar. Outras pessoas desesperadas tentavam fazer o mesmo, queriam entrar para achar seus parentes desaparecidos. Gabriel saiu do carro e entrou a pé.

Dentro da mina algumas caminhonetes estavam com 20, 30 pessoas, cobertas inteiras de lama. Todo o corpo, o uniforme verde, tinham se tornado uma cor uniforme, um marrom escuro, muitos cobertos por sangue e todos pelos rejeitos da exploração do minério de ferro. Era possível ver os olhos vermelhos, cansados, desesperados. Alguns pareciam simplesmente estar em choque. Deveriam ser as pessoas que conseguiram fugir. Lembrou-se das imagens que já tinha visto na televisão da população em meio à guerra da Síria. Tentou achar a prima no meio daquelas pessoas e nada.

Gabriel observava a imensidão de lama que havia devastado toda a mina embaixo. Na parte alta em que estava ele tentava recordar de como era ali antes. Não parecia o mesmo lugar. Em instantes tudo havia sido destruído. Ficou mais ou menos quatro horas dentro da mina, ali, só observando aquilo tudo. A prima talvez pudesse ter fugido.... Neste tempo que havia passado ali parecia haver só policiais que insistiam para manter ele e outros familiares longe do local. Mas onde estaria o socorro? As ambulâncias? Até que foi embora, não viu nenhum dos sobreviventes que estavam ali serem socorridos.

Foi embora para a casa da prima Paula, que estava em casa com seu filho Eduardo, de quatro anos, afilhado de Gabriel. Ficava em silêncio tentando entender o que estava acontecendo. No fim do ano anterior a família tinha perdido a mãe, tia de Gabriel. Ela que havia morrido de câncer morava com Paula e era muito apegada aos netos. Eduardo de alguma forma sentia que algo estava errado e perguntou onde estava a tia Ju. Não sabiam o que responder. O marido de Paula foi ainda para a Estação do Conhecimento naquele dia. A Estação que era da mineradora tinha se tornado um posto de informações e apoio às famílias de desaparecidos, assim como na Faculdade da cidade tinha se montado uma estrutura para policiais, bombeiros.

Não receberam nenhuma informação. Gabriel não conseguiu dormir à noite toda, ao lado da esposa na cama tentava pensar no que poderia fazer. No dia seguinte acordou cedo e foi até a Quadra, um local onde a prefeitura estava distribuindo donativos. Pegou água e quando foi entrar na fila para pegar sexta básica para a família falaram que ele tinha que falar com um vereador da cidade. Vereador? Como assim? A sua família estava com a filha desaparecida e ele teria que falar com um vereador? Ele percebeu que outras pessoas estavam com problemas similares. Não queriam distribuir os donativos, só conseguia pegar quem tinha algum tipo de contato com a prefeitura. Xingou. Colocou toda a raiva para fora. Como podiam fazer algo assim?

Com a esposa foi até um dos supermercados da cidade. Comprou vários produtos, desde comida até produtos de higiene básica. Ele que é administrador e comerciante estava construindo uma clínica médica e odontológica para alugar no centro da cidade. Abriu o local, colocou todos os produtos que havia comprado. Pediu para um amigo fazer uma faixa: "Ponto de apoio solidário: pegue o que precisar, deixe o que puder". A loja ficou aberta 48 horas direto. Foi para casa comer e quando voltou não só todos os produtos que ele tinha comprado tinham sido levados, como havia o dobro de outros produtos, deixados de doações.

Com o boca a boca cada dia chegavam mais. Acreditava no início que era por ser conhecido na cidade, as pessoas confiavam na iniciativa. Contudo, se surpreendeu quando começou a receber muitos donativos de outras cidades do Brasil. Pessoas de muito, muito longe entravam em contato com ele para saber quais tipos de doações estavam precisando. De alguma forma aquilo estava fazendo bem para ele. Um sentido de vida, em meio a toda aquela angústia daquela tragédia. Sentia que poderia estar ajudando famílias de vítimas que assim como sua família também estavam em um momento tão difícil e delicado.

Contudo, começou a perceber que as pessoas que mais precisavam daquelas doações não eram as que moravam na parte central da cidade, mas nas regiões rurais. Levavam as doações até os moradores, como também teve a ideia de levar estas pessoas, sem condição de chegar no centro da cidade, para que pudessem participar de ações sociais, resolver questões burocráticas de documentos, tratamentos de saúde. Da primeira vez, ele muito entusiasmado, se frustrou que sua caminhonete havia ido apenas com três pessoas. As pessoas da região não o conheciam e não confiavam nele. Por que uma pessoa iria querer pegá-los em sua casa e leva-los até o centro da cidade?

Aos poucos as pessoas que iam voltando contavam aos outros. Dessa forma foram crescendo, cada vez mais, mais pessoas queriam conhecer o local, conhecer o Gabriel e o projeto. Gabriel foi também aos poucos conhecendo estas pessoas. Tinha se surpreendido como existiam comunidades dentro do seu município, que havia nascido, criado e vivido, que ele não conhecia e que passavam por tantas dificuldades, que não tinham nada. Percebeu como é possível se fechar dentro da sua própria redoma sem conhecer o mundo lá fora. Ele não precisou ir longe para ver uma realidade muito diferente da dele. Ás vezes o mais importante para muitas daquelas pessoas não era nem receber os donativos, mas era a atenção, era ir até eles, conversar.

Ele mesmo, por causa da sua família, entendia. Passaram-se dias, semanas, esperando notícias do parente desaparecido. Tudo dentro da casa, dos parentes, as conversas giram em torno desse luto. Às vezes sair, encontrar pessoas diferentes, era poder se dar um tempo para pensar em outros assuntos. Contudo, começou a sentir que só os donativos não eram suficientes, queria fazer mais por estas pessoas.

O projeto que aos poucos foi caminhando para o surgimento de uma Associação sem fins lucrativos foi chamada de "Amigos de Brumadinho". Gabriel se afastou de seu trabalho e começou a viver integralmente pela iniciativa. Investiu grande parte do seu dinheiro nisso. Pensou várias vezes que poderia se dar mal, alguns amigos avisavam. Ele queria que a Associação não só pudesse dar o que as pessoas precisavam, como poder ajudá-las a se especializar, conseguir trabalho ou voltar para o mercado de trabalho. Queria reconstruir casas de pessoas que tinham perdido tudo com aquela tragédia ou que mesmo antes dela nunca tinham tido nada. O ditado "não dê o peixe, ensine a pescar" já não fazia sentido para ele. Ele queria que a Associação pudesse dar o peixe e também ensinar a pescar.

No início, ele enquanto fundador da Associação começou a ser procurado por veículos de comunicação para dar entrevista, o que ajudava muito a fazer "Amigos de Brumadinho" ficar cada vez mais conhecido, receber doações para que ela pudesse funcionar. Voluntários chegavam de várias regiões do país. Chegou a ter em um único dia 180 voluntários. Eles eram fundamentais porque contava muitas vezes com amigos que trabalhavam e não estavam disponíveis sempre para ajudar.

Mas percebia que cada vez menos a tragédia era tratada na imprensa. Logo começaram a surgir novos desastres, mais atuais. Ele sabia que uma hora as pessoas de fora iriam se esquecer deles. Por isso mesmo as doações não podiam ser a única forma de ajudar aquelas pessoas, pois uma hora elas poderiam parar de chegar.

Uma semana depois da tragédia ele estava conversando com um jornalista, pois daria uma entrevista ao vivo para uma emissora de televisão. Seu celular tocou, era marido de Paula, sua prima, irmã de Juliana. Gabriel pediu que cancelassem a entrevista porque ele tinha recebido uma notícia da prima desaparecida. A emissora não só não deu ouvidos a seu pedido, como o gravou falando no telefone. O marido de Paula tinha acabado de sair do Instituto Médico Legal para fazer o reconhecimento do corpo. Era ela. Gabriel começou a chorar. Não conseguia falar nada, só chorar.

Ficou com raiva de tudo e de todos. Tinham ainda uma esperança de encontrá-la. Juliana era como uma irmã para ele, os três primos tinham vivido a infância muito unidos. Mesmo antes de nascer ela sempre havia lutado para viver. Durante a gravidez a mãe dela, sua tia, teve leucemia. No parto já alertavam, teriam que escolher entre a vida da mãe ou do bebê. Juliana não só nasceu, como a mãe viveu muito tempo ao lado das filhas, antes de falecer no ano anterior por causa da mesma doença.

Naquele dia, depois do enterro, ele entendeu que a Associação iria muito além de um desejo seu pessoal de querer ajudar as pessoas ao seu redor, era uma forma de fazer uma homenagem a sua prima. Ela era uma das pessoas mais bondosas que ele havia conhecido e ele sabia que independentemente de onde ela estivesse, estaria com um sorriso no rosto, olhando para ele. Talvez por isso durante o início quando pensava em desistir do projeto... lembrava dela. Não poderia abandonar aquelas pessoas. Se ele com doações já estava fazendo seu melhor, por que a prefeitura não o fazia? Por que não pegava o dinheiro das multas e fazia iniciativas para ajudar a população?

Em uma das reuniões da prefeitura, aberta à população que houve na cidade, ele decidiu ir. Os vereadores estavam com o processo de *impeachment* contra o prefeito da cidade. Ele tinha recebido o dinheiro das indenizações do Governo do Estado e não tinha feito ainda nenhum investimento na cidade. Onde estava aquele dinheiro? Gabriel, que é muito impulsivo, pegou o microfone: Quem tinha que pagar por tudo aquilo era a mineradora responsável por todo aquele crime, que tinha calculado se valia mais parar a exploração do minério do que deixar pessoas inocentes morrerem.

– Só aqui que assassino escolhe como que vai pagar e de qual forma que vai pagar. – desabafou.

Saiu nervoso da reunião. Não acreditou que teve coragem de falar tudo aquilo na frente de tantas pessoas. Às vezes se pegava triste, mas na maioria das vezes com raiva de como tudo aquilo aconteceu e destruiu a vida de tantas pessoas sem nenhum tipo de contrapartida para a empresa.

Pensava e ficava preocupado com o afilhado de quatro anos, filho de Paula. Ele, que já tinha passado pela perda da avó no ano anterior e a perda da tia Juliana naquele ano, trazia consigo muito cedo o embate com a morte de que ninguém é para sempre. Pediu para Gabriel para que eles ficassem mais juntos, pois não sabia quem seria o próximo da família a partir.

Aquela tragédia tinha mudado toda sua percepção da vida. A Associação "Amigos de Brumadinho" tinha se tornado a oportunidade de fazer a diferença. Quando estiver velho quer olhar para trás e saber que aquela não tinha sido apenas uma marca negativa na sua vida. Não. Ele queria deixar a sua marca positiva na cidade.

A Associação seria esta marca e ele não iria desistir.

Sebastião, funcionário

"Um barulho de mil bombas. Um barulho que não tem como explicar. E ele fica na minha cabeça até hoje".

Às 05h30min naquela sexta-feira, dia 25 de janeiro, como todos os outros dias, Seu Sebastião se levantou para ir trabalhar. Chegou às 07h30min na Mina do Feijão onde trabalhava. Todo dia acontecia uma palestra chamada de DSS, Diálogos de Saúde e Segurança que discutia algum tema. Naquele dia era sobre "Boas práticas ambientais". Por volta das 08h30min ele se dirigiu para a Estação de Tratamento. Passou pela oficina em que ele havia trabalhado durante muito tempo e cumprimentou todo o pessoal e tomou um café.

Seu Sebastião entrou na empresa para trabalhar na oficina de maquinário pesado, contudo, havia se interessado pela área ambiental. Ele que nunca imaginou que faria faculdade, apesar de ter este sonho, acabou prestando vestibular e depois de algumas tentativas em 2011 passou em engenharia ambiental. 85% do valor da mensalidade da faculdade a mineradora pagava. Quando estava no terceiro período foi convidado para trabalhar no setor ambiental da empresa e não mais como mecânico. Ele ficou muito entusiasmado com a mudança de área, desde então estava trabalhando como operador de saneamento.

Assim que tomou o café com os antigos colegas foi para a Estação de Tratamento. Ele tinha orgulho de pensar que tudo que via na faculdade conseguia aplicar ali, na prática. Todos os resíduos da mineradora eram tratados antes de ser eliminados no Rio Paraopeba. Sua próxima tarefa do dia era ir para a outra mina, acima da de Feijão, a de Jangada. Decidiu almoçar primeiro, como já eram 11h. Por volta de

11h40min ele já tinha almoçado e pegou a caminhonete com o colega de trabalho para seguir para a próxima barragem.

Com o amigo dirigindo, ele no banco ao lado olhava pela janela a mina. Tinha reparado já há algum tempo como havia crescido o número de mulheres trabalhando, já que a maioria dos funcionários ainda eram homens. Para ele era porque as mulheres eram mais cuidadosas no manejo de equipamentos, dando menos prejuízos à empresa. O caminhão limpa-fossa que eles estavam seguindo parou. Estacionaram o carro a uns 15 metros para tirar fotos da sucção da fossa.

Seu Sebastião tirou a primeira foto para o registro. Olhava pelo visor da câmera, tentando centralizar e dar foco, quando ouviu um barulho muito alto. Como uma explosão. Rapidamente imaginou que fosse um pneu de um caminhão muito grande que havia estourado. Acontece, pensou. Dez segundos depois, o segundo estrondo.

De repente algumas pessoas começaram a correr. As conversas, os barulhos da máquina, se calaram. Ele e os dois colegas, o que estava na caminhonete e do caminhão da fossa, começaram a correr. Ele tropeçou e caiu no chão. Viu um mar de lama se aproximar. Fechou os olhos. Rezou. Pensava em todo momento na esposa e nos filhos. Ouvia, como se fosse distante, gritos. Era provavelmente os amigos que já estavam alcançando a caminhonete para fugir.

Ele levantou. Não sabe como, mas com a adrenalina teve forças para correr e conseguiu entrar na caminhonete. Conseguiram fugir. Minutos depois um silêncio mórbido era apenas o que tinha permanecido. Tudo tinha se transformado em lama. Ele simplesmente não conseguia acreditar no que estava bem diante de seus olhos. Em minutos, talvez segundos, tudo tinha desaparecido. Devagar saíram da caminhonete e foram passando por cima de maquinários. Embaixo de onde estavam havia uma máquina e dava para ouvir o "pi, pi, pi" repetidas vezes. Com vazamento de gasolina teria perigo de explodir.

De longe avistaram um rapaz que estava apenas com a cabeça para fora e todo o corpo submerso na lama. Seu Sebastião não o conhecia. Ele e o colega Elias começaram a cavar com as mãos até que grande parte do corpo ficasse pela superfície. Lembraram do treinamento de soterramento realizado pela própria mineradora. Foram puxando o rapaz devagar até um local mais seguro. Em outro ponto havia outro rapaz com a mão de fora da lama. Conta que tentaram puxar a pessoa e não conseguiram. A mão afundou.

Com o celular quebrado, mas ainda funcionando no bolso do seu uniforme, conseguiu ligar para a filha. Ela e a mãe ainda não sabiam de nada. Avisou que a barragem tinha se rompido, mas que por um milagre ele estava vivo e bem. Pediu que ela ligasse para o Corpo de Bombeiros para que pudessem resgatá-los.

A filha desesperada ligava diversas vezes para os bombeiros. Nas primeiras tentativas o telefone dava ocupado. Assim que conseguiu falar deu mais ou menos a localização do pai. Avisaram que além deles que haviam sobrevivido, havia um rapaz vivo, mas que estava imóvel. Tempo depois um helicóptero os avistou. Foram levados primeiro, depois voltaram para pegar o rapaz que estava com todo o corpo paralisado.

Ele foi encaminhado para a Unidade de Pronto Atendimento de Sarzedo, cidade vizinha. Sua esposa e filhos foram até lá encontrá-lo. Do hospital ele recebeu alta e foi para casa, ele tinha apenas ralado os joelhos e as mãos. Lembra que chegou em casa naquele dia com um alívio. Diferente dele, muitos outros funcionários da empresa não tinham voltado para casa. Rezou e agradeceu a Deus por ter dado a chance de estar vivo.

Algo dentro dele havia mudado daquele dia quando saiu de casa e quando voltou. Sempre que parava, as memórias da lama, os gritos, o barulho das explosões, passavam pela sua cabeça. Não conseguia nem por um momento pensar em outra coisa. As noites se tornaram difíceis. Ao lado da esposa na cama acordava assustado, sonhando tudo que tinha vivido. Só conseguiu melhorar um pouco quando começou a tomar remédios prescritos por médicos da empresa.

No domingo o alarme havia tocado, diferente de sexta-feira que não houve nenhum tipo de sinalização. Ele que mora com a família em Betim, cidade próxima, só ficou sabendo pela televisão. Tinha certeza que o alarme havia tocado com medo que as bombas de água dentro da barragem B6 explodissem e rompesse outra barragem. Ficou sabendo por colegas que tinham drenado a água a tempo, antes que outro desastre pudesse acontecer.

Esta era uma de suas principias preocupações: que além da barragem de rejeitos de minério, a barragem de água B6 pudesse se romper. As mortes e a região afetada teria sido ainda maior. Naquela sexta-feira a barragem B1 tinha estourando, levando e rompendo a B4 também.

Foi visitar junto com Elias o rapaz que tinham ajudado a salvar. No quarto, os pais dele choravam de felicidade pelo filho estar vivo, observando o filho na cama do hospital. A mãe o abraçou e agradeceu. Os chamou de os anjos da guarda. Leandro, o rapaz, muito jovem, era seu único filho. Não saberia imaginar sua vida sem ele. Tinha quebrado a perna e teve fratura exposta em um dos braços. Apesar de parecer que só tinha tido lesões fáceis de serem curadas, ele que havia questionado o médico, soube que Leandro poderia ficar com várias sequelas sérias. Mesmo que por pouco tempo, seus órgãos foram pressionados pela lama sólida, pelo corpo ter ficado submerso.

Seu Sebastião, que estava afastado de atestado, acompanhava as notícias até poder voltar para o trabalho. Um de seus chefes da área ambiental tinha sido apontado como um dos responsáveis e tinha sido chamado para depor. Ele havia ficado decepcionado com a empresa. Será que ela realmente sabia de tudo? Por que não fez algo para impedir que aquilo ocorresse?

A empresa até então era um orgulho para ele. Lembra como se fosse um dia atrás como tinha conhecido a mineradora. A filha havia feito uma excursão com o colégio para ver as minas. Tinha trazido para casa um folheto da mineradora. Viu no folheto: trabalhe conosco, e ele tentou. Durou mais ou menos um ano o processo seletivo para que ele fosse realmente contratado pela empresa como mecânico de máquinas pesadas.

Durante sua vida inteira tinha trabalhado como mecânico. Parou de estudar muito cedo. Morava na roça em Frei Gaspar com a família. Mesmo que criança já tinha um gosto por estudar, saiu antes mesmo de entrar no Ensino Médio para trabalhar na roça e ajudar a mãe. Mais velho se mudou para a capital mineira em busca de trabalho. Começou a trabalhar como mecânico.

Na empresa que trabalhava eles estavam começando a demitir quem não tinha terminado todo o período escolar. Voltou a estudar e concluiu o Ensino Médio, mas nunca naquela época imaginou que um dia teria a oportunidade de fazer faculdade. Antes de entrar para Engenharia Ambiental tentou Geografia. Mesmo a mineradora pagando grande parte da mensalidade, ele pensou em desistir várias vezes. Trancou algumas vezes, mas aspirava em concluir o curso. Tinha se formado no final de 2018 e sua colação de grau seria em março, dois meses depois do rompimento da barragem.

Na colação, quando foi subir para pegar seu diploma no palco, chorou muito. Pensou em tudo que tinha vivido até ali e na oportunidade que teve de estar vivo para estar presente naquele momento. Talvez por todas as oportunidades que a empresa tinha lhe dado, ele tinha sentimentos confusos, muitas vezes contraditórios diante da empresa. Ela havia lhe dado a chance de um futuro, como quase tinha o tirado, em minutos, tudo dele, incluindo sua própria vida.

Antes mesmo de completar três meses da tragédia, os psicólogos da mineradora que estavam fazendo o acompanhamento do tratamento disseram que ele poderia voltar a trabalhar. O primeiro dia que teve que voltar para a mesma mina, onde tudo tinha acontecido, ele passou mal. Sentiu muita falta de ar e uma dor intensa no peito. Afastaram-no do trabalho por mais algum tempo até que voltou a trabalhar, mas tinha sido transferido para outro local.

De alguma forma ele, que havia ficado tão longe dos livros e mais perto dos motores e da graxa, descobriu na escrita uma forma de companhia, de compressão de si mesmo. Decidiu aos poucos escrever tudo que estava sentindo e que havia passado como um desabafo. Almejava que toda aquela história virasse um livro. Por enquanto ele pensava em seu futuro. Não poderia parar de trabalhar, como às vezes gostaria, porque era o sustento da família. Depois de tanto tempo sonhando em crescer dentro da mineradora, pensava agora, quem sabe, abrir seu próprio negócio.

Tenente Pedro, bombeiro

"Quando você consegue acessar a vítima até meia hora depois do ocorrido, existe uma chance de sobrevida que vai aproximadamente de 91% a 93%. Quando você analisa em um cenário de 24 horas já transcorridas, você tem uma chance de que, se não me engano, vai de 24% a 21%. Até depois de 48 horas a 72 horas a gente ainda tinha esperança, embora fosse uma esperança remota. Mas depois de 72 horas a gente já trabalhava como um resgate de corpos, não mais de sobreviventes".

Depois de cinco anos trabalhando em campo, Pedro começou a trabalhar na área administrativa do Corpo de Bombeiros em Belo Horizonte, como chefe da Adjuntoria de imprensa da corporação. Estava saindo para almoçar quando foi chamado pelo subcomandante geral, juntamente com outros oito oficiais:

– Acabei de receber uma ligação do Coordenador do COBOM[43], ele acabou de falar que entrou uma chamada de rompimento de barragem. A gente não sabe se é verdade ainda, as primeiras equipes por terra estão deslocando agora para a cidade e as primeiras aeronaves estão decolando para conferir se isso é verdade ou não.

A informação que se tinha naquele momento é que a barragem tinha se rompido às 12h28min e a primeira ligação feita ao COBOM foi realizada 12h37min. Um minuto após a ligação estavam juntos na sala de reunião.

– Se este rompimento realmente for verdade, a demanda de imprensa, informação, de atendimentos para as famílias, vai ser gigantesca, então, se possível, já quero me deslocar

---

43 COBOM – Centro de Operações de Bombeiros de Minas Gerais. Definição da sigla por meio do site oficial da instituição.

agora para lá para tentar organizar esta parte desde o início... – afirmou Pedro ao ter se lembrando de como havia sido os trabalhos em situações de tragédias semelhantes, como em Mariana e Janaúba.

– Pega uma viatura agora e vai para nosso heliporto que tem um helicóptero que vai estar te esperando lá. – respondeu rapidamente o subcomandante geral.

Pedro seguiu diretamente só com a roupa do corpo para o heliporto da Pampulha. O Coronel Almeida que é o comandante operacional de toda a região já estava esperando sua chegada para que pudessem ir juntos. De helicóptero dali para a cidade era muito rápido, em cinco minutos, antes das 13h os helicópteros já estavam sobrevoando a região. Estavam em três helicópteros, o que ele estava com o coronel Almeida, outro com a Major Karla e outro com Tenente Firme da Defesa Civil Estadual.

Assim que passaram por uma alta serra foi possível confirmar que a barragem tinha se rompido por causa da dimensão da área atingida. A primeira reação de Pedro foi tentar analisar qual tinha sido o percurso da lama de rejeitos. Na área do Córrego do Feijão era possível ver apenas algumas casas destruídas, por isso acreditava naquele momento que a quantidade de vítimas atingidas diretamente não era tão grande.

Enquanto seu helicóptero estava pousando, a equipe da Major Karla conseguiu fazer o primeiro resgate. Durante o sobrevoo visualizaram uma mulher e sem pousar o helicóptero conseguiram prendê-la à estrutura da aeronave e retirá-la do local. Só mais tarde naquele mesmo dia que Pedro teve a real dimensão de tudo que tinha sido atingido. Ele fez um novo sobrevoo com a Major Karla, que conhecia muito bem a região e foi explicando para ele as estruturas da mineradora que antes existiam ali. Na verdade, não eram poucas as casas que tinham sido destruídas, é porque a maioria das edificações já estavam completamente cobertas pela lama.

Assim que pousaram começaram a se organizar para montar o SCO – Sistema de Comando de Operações. Aquele sistema era uma doutrina aplicada não só em desastres como aquele, mas em grandes ocorrências para definir prioridades e responsabilidade de cada setor específico. É uma espécie de ferramenta de gestão de crise. Este posto de comando foi montado no Salão Comunitário da Vale, que é uma espécie de salão dentro do Córrego de Feijão, bem próximo a uma Igreja.

Mesmo sem ter ainda muitas pessoas, ele e o Tenente Firme começaram a definir o que seria prioridade em relação aos voluntários e às doações que começariam a chegar. Começaram a desenhar como seria este atendimento. Juntamente com alguns engenheiros da mineradora começaram a chegar os primeiros mapas.

Não muito tempo depois, os primeiros veículos de imprensa começaram a sobrevoar a região, a chegar no local, assim como moradores, em busca de informações. Uma das primeiras preocupações de Pedro quando se estava gerenciando uma situação como aquela era o dimensionamento do desastre. Precisavam de uma estimativa de quantas pessoas teriam sido afetadas. Se a operação teria que atender 100, 200 ou mais de 300 pessoas para que fosse possível estimar os recursos, a necessidade humana e logística em cima do tamanho do ocorrido.

Começaram a reunir informações para saber exatamente o que havia acontecido, quem e de qual forma foram atingidos. Quando estavam apurando ele começou a questionar os representantes da mineradora, quais áreas da empresa e da mina eles achavam que tinham sido afetadas. Estavam todos ao redor de uma mesa com vários mapas. Um dos responsáveis da mineradora, em meio à confusão, respondeu:

– Eu acho que a área do refeitório foi atingida!

– Mas quantas pessoas você acha que tinha neste refeitório? – perguntou Pedro temendo o pior.

– Eu acho que umas 100 mais ou menos.

Pedro ficou tenso. Se existisse realmente este número de pessoas só no refeitório, o número de vítimas seria muito maior do que estavam esperando. Ele percebeu um certo mal-estar dos funcionários da mineradora de responder algumas destas primeiras perguntas, como se estivessem com receio de falar que sim, realmente tinha afetado muitas pessoas.

Começou a comparar as informações que estavam recebendo com os mapas que possuíam e muitos pontos estavam desencontrados. Até aquele momento eles sabiam que uma barragem tinha se rompido, mas não tinham certeza se outras poderiam ter sido afetadas em razão do efeito cascata. Depois que uma barragem se rompe, as outras podem ficar com seu limite excessivo, então estavam em situação de alerta para saber a situação das outras barragens da região, pois poderia ter outro tipo de rompimento em breve.

Esta era a pergunta que mais recebiam da população naquele momento. Teria o perigo de outra barragem estourar? Os boatos falavam que iria atingir o centro da cidade. Outras pessoas chegavam pedindo ajuda para salvar os parentes que estavam no local, muitos começaram a ficar nervosos ao ver que eles enquanto Corpo de Bombeiros estavam ali planejando e não no local para tentar salvar possíveis vítimas.

Pedro entendia que no caos da emoção as pessoas não estavam exaltadas sem motivos. Contudo, aquela parte de planejamento era fundamental para tentar salvar o maior número de vítimas possíveis e evitar que outro desastre acontecesse. Mesmo com bombeiros da sua equipe tentando acalmar as pessoas, no fim da tarde alguns moradores ameaçaram a jogar pedras nas viaturas e estavam querendo invadir o centro comunitário.

Naquele momento Pedro entendeu que ele teria que ser muito além de um porta-voz da imprensa, mas principalmente para a população, que estava aguardando do lado de fora aflita por qualquer tipo de notícia. Sentiu um grande peso de responsabilidade dentro dele. Seria difícil lidar tão diretamente com as expectativas, principalmente daquelas que estavam em busca de seus parentes.

Saiu do centro comunitário. Havia muitas e muitas pessoas aguardando, desde moradores a jornalistas. No meio de toda a gritaria, conversas altas, soluços, um silêncio mórbido dominou todo o ambiente. Todos tinham feito silêncio para que ele pudesse ler a lista dos 182 nomes de pessoas que o Corpo de Bombeiros tinha conseguido resgatar até aquele momento. Enquanto lia, ao seu redor, era possível ouvir apenas a sua voz trêmula, mas firme e o cantarolar de grilos. O olhar das pessoas de angústia e de extrema tensão, naquele momento, o cercava.

Mais tarde ainda naquela sexta-feira, decidiram mudar o posto de comando para uma área maior. A Faculdade Asa, a única faculdade da cidade, tinha sido cedida para que pudesse ser montado o novo posto de comando. No início Pedro tinha sido contra esta mudança, mesmo ali onde a estrutura era mais precária, estavam mais perto da população. Ainda assim decidiram mudar de local.

Já estava de noite, Pedro não fazia ideia de quantas horas eram. Quando entrou na viatura para ir até o novo Posto de Comando, a adrenalina havia diminuído e ele começou a sentir o cansaço, a tensão. Não tinha jantado, nem tomado banho e foi quando se deu conta que ficaria muitos dias direto na região, trabalhando. Ligou para a namorada no caminho para avisar que não voltaria para casa naquele dia e que não sabia ainda quando iria voltar.

No dia seguinte já começavam as articulações para a chegada das tropas de Israel. Pedro e todos da equipe foram avisados que tinha sido uma negociação do Governo Federal. Precisaram reajustar a logística para arrumar um local onde ficariam e de que forma participariam das buscas. No dia 27 de janeiro chegavam os 130 soldados israelenses para ajudar nas buscas na cidade mineira.

Eles tinham se adaptado muito rápido e os bombeiros brasileiros também. Por ser de uma cultura e religião diferente eles arrumaram uma forma de prestar os devidos respeitos de forma conjunta, quando encontravam um corpo. Mantinham-se lado a lado, em silêncio, por alguns minutos. Muitas especulações começaram a surgir por meio da imprensa.

A verdade para Pedro era que a vinda das tropas israelenses tinha sido importante para eles em relação à troca de experiências. Aprenderam muitas técnicas de resgate diferentes, como eles também aprenderam muitas coisas com as técnicas deles, principalmente naquele caso específico que o salvamento acontece em uma superfície como a lama.

Se comparado com água e concreto, em situações de salvamentos em enchentes, alagamentos ou desabamentos, a lama se não é o pior é um dos piores materiais para se fazer resgate. No caso do concreto o material não se movimenta facilmente e cria bolsões de ar, onde muitas vítimas conseguem sobreviver. Já na água, apesar de entrar em qualquer superfície e dificultar a localização de sobreviventes, é possível encontrar mais facilmente corpos.

A lama é mais densa que a água, dificultando a utilização de ferramentas de buscas, além de dificultar a visualização, já que o corpo se mistura com o material dos rejeitos. Diferente do concreto, a lama também tem um grande arrasto. Corpos poderiam ser encontrados 10, 15, 20 km do local de origem que a vítima foi afetada. Pedro entendia a angústia dos familiares que esperavam por notícias de desaparecidos. Mesmo que não mais encontrados vivos, era importante enterrar para se despedir.

Os seis primeiros dias foram os mais intensos. Muitas coletivas de imprensa, sempre que acabava uma demanda, chegava outra. Não era apenas a imprensa e a população que demandavam informações, mas todas as instituições que também estavam envolvidas com o caso, a Prefeitura, o Governo do Estado, o Governo Federal. Eram muitas notícias falsas que tinham que ser checadas quase de hora em hora. Um dos primeiros dias surgiu uma grande polêmica em relação à eutanásia de um boi que estava agonizando, preso na lama. O procedimento tinha sido realizado pela Polícia Rodoviária Federal, em conformidade com o previsto pelo Conselho Federal de Medicina Veterinária. Ainda assim, surgiram muitas polêmicas, principalmente de organizações de proteção ambiental e animal.

Como acabava dando muitas entrevistas, aparecendo na televisão, era muito procurado pelas famílias para ter notícias dos seus parentes. Conversou com diversas pessoas que ficavam às vezes horas e mais horas esperando de fora do Centro de Comando. Não era um incômodo. Ao contrário, ele gostava muito de poder conversar com estas pessoas. Se sentia mais humano, sentia que estava ajudando mais as pessoas com seus familiares. Às vezes não precisava sequer trocar uma palavra, às vezes a pessoa precisava de um abraço.

Em uma destas conversas falava que ele e a equipe estavam resgatando as vítimas como se fossem membros de suas próprias famílias. E ele realmente sentia isso. Seu pai trabalha com mineração em outra região do estado mineiro, então desde pequeno aquele ambiente de mina e barragem fez parte de sua infância. Poderia ter sido seu pai. Poderia ter sido qualquer pessoa. Aquela tragédia afirmava para ele como todos são iguais. Não importava sua cor, sua classe social ou sua idade. A lama arrastava qualquer pessoa e coisa pelo caminho.

Uma conversa específica o tinha emocionado. Ele tentou acalmar um senhor que estava desesperado para achar o irmão e que dizia que ia entrar na lama para salvá-lo. Pedro, olhando nos fundos de seus olhos, prometeu que iria encontrá-lo. Menos de duas semanas depois, ainda durante as buscas, ele tinha retornado para Belo Horizonte para ir no enterro dos familiares de um dos seus melhores amigos que tinham falecido em um acidente de carro. No cemitério, o mesmo senhor o parou, estava muito emocionado. Coincidentemente naquele dia ele estava fazendo o velório do irmão.

– Hoje eu tô sepultando meu irmão, e você tinha razão sobre o que tinha falado no primeiro dia, era verdade. Eu agradeço muito a você, a sua equipe, pelo que você fez pelo meu irmão e embora seja um momento muito triste para mim eu só estou conseguindo fazer isso por causa do trabalho de vocês.

Ele abraçou Pedro, que ficou muito emocionado. Em vários outros momentos seus olhos também se encheram de lágrimas. No seu interior, ele era muito diferente da pessoa calma e séria que dava entrevistas na televisão. Passava tanto tempo submerso no trabalho que se esquecia de suas necessidades básicas. Esquecia de comer, dormir, tomar banho, acabou emagrecendo seis quilos. Outras pessoas que foram designadas para ajudar na área de imprensa davam bronca nele, pois ele precisava descansar um pouco, tentar dormir. Muitos da sua equipe dormiam na Faculdade Asa, outros acampavam perto da área afetada, outros ficavam em hotel.

Pedro preferiu os dias que pudesse passar em casa. Uma pessoa o levava de carro até a capital, tomava banho, trocava a farda, comia alguma coisa e voltava. Às vezes ele só conseguia desligar um pouco de tudo aquilo e dormir durante o percurso de ida e volta de Belo Horizonte à cidade, o qual demorava ao todo no máximo duas horas.

Dia 25 de fevereiro completava um mês que a tragédia havia acontecido. Teve a ideia, juntamente com o Capitão Kleber, de fazer uma homenagem às vítimas. As pessoas sempre perguntavam para o Corpo de Bombeiros como poderiam ajudar com doações. Pediu para que as pessoas doassem rosas. Com mais de dez helicópteros no céu, uma chuva de rosas caiu em toda a área atingida que tinha matado tantas pessoas. Uma bandeira do Brasil estava hasteada e toda a tropa bateu continência.

Ele ali naquele momento, em solo, não conseguia conter as lágrimas. Talvez nos seus 26 anos de vida e mais de sete anos como bombeiro não tinha vivido uma experiência como aquela. Mesmo tendo trabalhado em Mariana, com gerenciamento de informações, desta vez tinha entrado mais diretamente em contato com as pessoas. Ainda tinham muito trabalho pela frente, muitos corpos não tinham sido encontrados. Ao vivo, com vários microfones da imprensa ao seu redor, prometeu que as buscas só iam acabar quando todos fossem encontrados. As buscas ainda permanecem.

Julia, autora

"Eu devo a estas pessoas um agradecimento e um pedido de perdão".

Eu juro falar a verdade, somente a verdade. Agora, a minha verdade.

Seria mentira se eu não dissesse que pensei quase todos os dias destes últimos meses sobre tudo que eu vivi e conheci. Brumadinho e as pessoas desta cidade, deste livro, me marcaram. Com certeza foram depoimentos, momentos, lembranças que levarei comigo na minha história. Eu me aproximei dos meus personagens, mesmo ouvindo conselhos para que eu não o fizesse. Por outro lado, falam que a proximidade é importante para sermos mais empáticos, darmos espaço de sentir a dor do outro. Foi o que eu fiz, mesmo sem querer. Desejei que eu pudesse fazer alguma coisa por todas estas pessoas, me senti às vezes inútil de ouvir as histórias sem poder fazer nada.

Eu chorei quando soube que centenas de pessoas tinham morrido. Mas não nego que o sentimento mudou quando as conheci. Ouvi sobre suas histórias e sonhos que ficaram para trás, num passado distante para muitos familiares, que eu revivi com suas histórias. Não conheci nenhuma das vítimas que se foram, mas muitas vezes quando estava sentada escrevendo sobre elas queria ter tido a oportunidade de conhecer suas peculiaridades que as tornaram tão únicas e tão marcantes na vida de parentes e amigos que choram sua perda.

Eu ouvi todos os depoimentos e fiquei triste. Eu ouvi os áudios novamente e fiquei triste. Eu escrevi cada uma destas histórias e fiquei triste. Espero que quem o leia também fique. Que se emocione e que sinta algo. Que sinta esta vontade de fazer a diferença, mesmo que não seja possível fazer muito para diminuir a dor que estas pessoas sentem. Mas eu acredito que se sensibilizar, além de lembrarmos da nossa própria humanidade que se perde com a correria do dia a dia, seja um início para exigirmos punições e leis mais severas não apenas para evitar que novos crimes como estes aconteçam, mas muitos outros que estampam as tragédias dos noticiários.

Entendi que não é possível voltar no tempo e impedir que esta tragédia acontecesse. Falei sobre isso com vários entrevistados. E eu percebi que a vida é frágil, mas mesmo com toda a dor que se possa sentir, é possível criar novos recomeços. E é isso que eu desejo para cada uma das pessoas que ficaram: que encontrem um caminho para recomeçar. Já ficou claro, se você chegou até aqui, leitor, que é impossível esquecer. Para mim, começou a ser impossível ouvir qualquer notícia sem lembrar de cada uma dessas pessoas que se foram. Para mim, é impossível não sentir raiva de uma empresa que matou tantas pessoas e parece difícil acreditar na nossa justiça.

Minha história começou muito antes de ir até a cidade conversar com meus personagens. Começou como todas as pessoas aqui, no dia 25 de janeiro de 2019. Um dia depois do aniversário do pai do meu namorado fomos naquela sexta-feira, feriado em São Paulo, para o litoral paulista comemorar seu aniversário. Eu dormia no carro quando acordei com meu sogro falando que uma barragem em Minas Gerais, nosso estado, onde eu, minha família e a deles nascemos e vivemos, rompeu-se.

Na hora, todos se lembraram de Mariana. Impossível não lembrar, apesar de que fazia muito tempo que não ouvia sobre a cidade ou pensava neste desastre específico. Esquecemos rápido demais de tragédias que não nos atinge, não é mesmo? Ficamos um tempo sem ter mais notícias. Chegamos no hotel. Não tínhamos almoçado ainda e estava com muita fome, já era no fim da tarde. Saímos e quando voltei no quarto que eu fiquei com o irmão do meu namorado e a namorada dele acompanhamos as notícias pela televisão. Lembro dos helicópteros voando e mostrando toda aquela lama de rejeitos de minério. Não sabia se tinham feridos e mortos.

Fiquei durante todo o mês vendo notícias sobre isso. Na emissora de televisão que eu fazia estágio, um repórter estava na cidade cobrindo a tragédia. Assim, como quase em todos os outros jornais, a tragédia foi se tornando velha e outras novas foram surgindo. Lembro que eu via o número de corpos que eram encontrados a cada dia e que só cresciam e cresciam. Ouvia alguns comentários de comparação entre Mariana e Brumadinho, Mariana para alguns não tinha sido tão importante porque não tinha matado tanta gente como esta tragédia. Ouvi outros comentários de que estavam fazendo alarde sem necessidade, não eram tantas pessoas assim afetadas. Acompanhei as diversas polêmicas que envolveram este caso, como a morte do boi, os soldados israelenses, se a lama chegaria ou não ao Rio São Francisco, desde a briga da Defensoria com o Ministério Público.

Eu só ficava pensando quem eram estas pessoas. Os números de corpos encontrados e que não era apenas um número, eram pessoas de diversas idades, gênero, cor, classe social. Mais do que isso: como estariam os que ficaram, os sobreviventes ou mesmo seus parentes, amigos? Quantas pessoas tinham realmente sido afetadas sem estarem dentro da mina? E eu não via isso nos principais noticiários. Eu via sempre os pronunciamentos oficias da empresa. Foram poucas as denúncias e quando as tinham davam enfoque na vítima chorando.

No primeiro dia de minha orientação do Trabalho de Conclusão de Curso eu estava decidida que faria o tema que tinha escolhido no ano anterior: as mudanças das relações humanas por causa das redes sociais. Fui a primeira a falar do meu tema para a minha orientadora e para as outras alunas e alunos que estavam na sala. Depois de mim, todos os outros alunos falaram. Eu só conseguia pensar que não estava feliz com aquele tema. Queria mudar, queria algo que eu realmente quisesse falar sobre. Algo que me movesse.

Interrompi a orientadora e disse que talvez queria mudar de tema. Ela disse que eu deveria escolher logo. Tinha Brumadinho na minha cabeça. Falei de pessoas desaparecidas, tema de um trabalho que já tinha feito durante a faculdade e que tinha mexido muito comigo... mas não era sobre isso. Eu queria fazer sobre Brumadinho. Como mineira, de nascença e criação antes de me mudar para São Paulo para fazer faculdade, eu entendia como o meu estado já estava há muito tempo sendo desmatado, poluído pela mineração e agora estava matando pessoas... Era um problema silenciosamente conhecido. Drummond em Itabira, cidade pequena perto da capital, já falava sobre isso.

Tinha me decidido: queria falar sobre Brumadinho. Não sobre a tragédia em si, mas das pessoas. Queria ouvir suas histórias e, se elas me permitissem, que eu pudesse compartilhá-las. No início era porque achava importante conhecer estas pessoas para mostrar que tinham sido realmente vidas afetadas e não números, pesquisas, dados. Eram vidas, com histórias. Depois entendi que era uma forma de deixar que tudo aquilo não passasse em branco, pois logo as pessoas de fora iriam se esquecer, como aconteceu com Mariana.

A primeira pessoa que eu conversei foi com Thiago. Descobri que dois dos meus melhores amigos estudavam na mesma faculdade que ele. O conheci como "o morador de Brumadinho que perdeu quatro primos", mas ele era muito mais que isso. Era uma pessoa com um passado, com um presente e que sonhava com um futuro, assim como a sua família. Nos falamos a primeira vez por meio de videoconferência pelo celular. Aos poucos não só ele foi me contando dele, como também descobrimos vários interesses em comum. Posso dizer que viramos amigos e que estava muito ansiosa para conhecê-lo em Brumadinho quando fosse.

Isto para mim foi minha maior dificuldade: quando eu me identificava com as pessoas. Entendi que qualquer um dos primos do Thiago e de todas as outras vítimas podia ter sido eu. Podia ter sido meu pai, minha mãe, minha irmã, um amigo. Mais do que me identificar com essas pessoas, queria as ter conhecido antes que se tivessem ido, assim, tão cedo.

Morte. Esta palavra me acompanhou durante toda a minha viagem para Brumadinho. Lágrimas, muitas noites mal dormidas pensando em todos os que tinham ido embora. Mas também tiveram sorrisos, muitos abraços, muito café e bolo, toda a boa receptividade que o povo mineiro possui. Sai de Brumadinho com um grande peso nas costas e uma angústia no peito. Uma angústia de que não queria magoar aquelas pessoas e gostaria de fazer mais por elas.

Nunca vou entender o sofrimento que passaram, mas eu tentei me colocar de verdade no lugar delas. E percebi que a empatia é um dos sentimentos mais importantes do mundo, é com ele e somente com ele que nos incomodamos com o sofrimento do outro, ao ponto de agir. Sinto que este livro foi uma forma de agradecer e me desculpar com todos eles.

Agradecer pela oportunidade de conhecê-los, de confiarem em mim, de terem me recebido de portas e corações abertos dentro de suas casas, dentro de suas lembranças, muitas tão íntimas e dolorosas. E meu pedido de desculpas, pois me sinto responsável. Todos nós deveríamos. Por vermos tragédias como estas e simplesmente lamentamos e passamos o canal ou simplesmente abaixamos o som da televisão.

Eu ainda não tinha chegado ao fim deste livro quando uma barragem de minério na Bahia também se rompeu, ou outra no norte do país. Até quando outros desastres assim vão precisar acontecer para que a gente mude? Espero, leitor, que você feche este livro e pense nisso.

Se eu pudesse escolher uma palavra para definir toda essa experiência que vivi, seria: memória. Tudo o que eu escrevi a partir dos depoimentos são memórias das vidas que se foram e que jamais poderão ser apagadas. E também a memória de amigos, familiares e profissionais de diversas áreas que tiveram suas vidas modificadas.

Já diziam os sábios que o tempo nos faz enxergar o passado de forma diferente, que muitas pessoas possam se perdoar, se permitir seguir em frente. É impossível apagar o que aconteceu, mas espero que possam reescrever suas histórias pela frente.

Nunca irei me esquecer do que vivi. E não quero. Esse com certeza é um rascunho de uma parte da minha vida, e de todos nós, que nunca será apagada.

BIBLIOGRAFIA

AGÊNCIA BRASIL. *Militares israelenses começam resgate de vítimas em Brumadinho*. Correio Braziliense, 2019. Disponível em: https://www.correiobraziliense.com.br/app/noticia/brasil/2019/01/28/interna-brasil,733481/militares-israelenses-comecam-resgate-de-vitimas-em-brumadinho.shtml. Acesso em: 30 jan. 2019.

ALEKSIÉVITCH, Svetlana. *Vozes de Tchernóbil: a história oral do desastre nuclear*. 7. ed. São Paulo: Companhia das Letras, 2017. Disponível em: https://www.companhiadasletras.com.br/detalhe.php?codigo=14085. Acesso em: 20 ago. 2019.

ALVES, Raylton. *Relatório de Segurança de Barragens 2017*. Agência Nacional de Águas, 2018. Disponível em: https://www.ana.gov.br/noticias/45-barragens-preocupam-orgaos-fiscalizadores-aponta-relatorio-de-seguranca-de-barragens-elaborado-pela-ana/rsb-2017.pdf/view. Acesso em: 24 set. 2019.

AMARAL, Carlos. *Brumadinho: ação coletiva vale mesmo após acordo extrajudicial, diz Defensoria de MG*. G1, 2019. Disponível em: https://g1.globo.com/mg/minas-gerais/noticia/2019/04/08/participacao-em-acordos-coletivos-sera-mantida-mesmo-apos-assinatura-de-indenizacao-extrajudicial-diz-defensoria-de-mg.ghtml. Acesso em: 17 mai. 2019.

AUGUSTO, Leonardo. *Acordo entre Vale e Defensoria causa racha na força-tarefa de Brumadinho*. Estadão, 2019. Disponível em: https://brasil.estadao.com.br/noticias/geral,acordo-entre-vale-e-defensoria-causa-racha-na-forca-tarefa-de-brumadinho,70002803346. Acesso em: 17 mai. 2019.

_________, Leonardo. *Após lama, Brumadinho registra alta de suicídio e prescrição de remédios*. Estadão, 2019. Disponível em: https://brasil.estadao.com.br/noticias/geral,apos-lama-brumadinho-registra-alta-de-suicidio-e-prescricao-de-remedios,70003002352?fbclid=IwAR08Fnbv3a5KJ_iRHngNbva4AtRRVtfPqXKMZhxr3Nm8x-cLwwe_1jCneyL4. Acesso em: 1 out. 2019.

BARBON, Júlia; LOBEL, Fabrício; CHOUCAIR, Geórgea; colab. BICALHO, José Antônio. *Duas cidades de MG têm evacuação de moradores na madrugada por risco em barragens*. Folha de S. Paulo, 2019. Disponível em: https://www1.folha.uol.com.br/cotidiano/2019/02/vale-inicia-plano-de-evacuacao-em-barao-dos-cocais-mg.shtml. Acesso em: 25 fev. 2019.

BARRAGEM da Vale se rompe em Brumadinho, MG. G1, 2019. Disponível em: https://g1.globo.com/mg/minas-gerais/noticia/2019/01/25/bombeiros-e-defesa-civil-sao-mobilizados-para-chamada-de-rompimento-de-barragem-em-brumadinho-na-grande-bh.ghtml. Acesso em: 26 jan. 2019.

BILENKY, Thais. *'A Sangue Frio' completa 50 anos aclamado por estilo e criticado por licenciosidade*. Folha de S. Paulo, 2015. Disponível em: https://www1.folha.uol.com.br/ilustrada/2015/09/1686719-a-sangue-frio-completa-50-anos-aclamada-por-estilo-e-criticada-pela-licenciosidade.shtml. Acesso em: 15 jul. 2019.

BITTAR, Bernardo. *Presidente da Vale, Fabio Schvartsman é afastado do cargo, afirma revista*. Correio Braziliense, 2019. Disponível em: https://www.correiobraziliense.com.br/app/noticia/brasil/2019/03/02/interna-brasil,740854/presidente-da-vale-fabio-schvartsman-e-afastado-do-cargo-diz-revista.shtml. Acesso em: 17 mai. 2019.

BOLETIM de Monitoramento especial do rio Paraopeba. *Serviço Geológico do Brasil – CPRM, 2019*. Disponível em: http://www.cprm.gov.br/sace/boletins/Paraopeba/20190128_11-20190129%20-%20092455.pdf. Acesso em: 25 abr. 2019.

BOM DIA BRASIL. *Documentos indicam que Vale sabia das chances de rompimento da barragem de Brumadinho desde 2017*. G1, 2019. Disponível em: https://g1.globo.com/mg/minas-gerais/noticia/2019/02/12/documentos-indicam-que-vale-sabia-das-chances-de-rompimento-da-barragem-da-brumadinho-desde-2017.ghtml. Acesso em: 12 fev. 2019.

BRUMADINHO 2019. Secretaria de Saúde do Governo de Minas Gerais, 2019. Disponível em: ttp://www.saude.mg.gov.br/component/gmg/page/1740-brumadinho-2019. Acesso em: 5 fev. 2019

CERCA de 200 pessoas são retiradas de casa em Macacos por risco de rompimento de barragem. Itatiaia, 2019. Disponível em: http://www.itatiaia.com.br/noticia/bombeiros-fazem-evacuacao-preventiva-em-macac. Acesso em: 26 fev. 2019.

COMISSÃO de Brumadinho aprova relatório com nove projetos de lei para levar ao plenário da Câmara. G1, 2019. Disponível em: https://g1.globo.com/politica/noticia/2019/05/09/comissao-de-brumadinho-aprova-relatorio-e-quer-levar-ao-plenario-da-camara-nove-propostas-de-leis.ghtml. Acesso em: 23 set. 2019.

COMISSÃO Externa Desastre de Brumadinho. Câmara dos Deputados, 2019. Disponível em: https://www2.camara.leg.br/atividade-legislativa/comissoes/comissoes-temporarias/externas/56a-legislatura/desastre-de-brumadinho/

conheca-a-comissao/membros-da-comissao. Acesso em: 23 Set. 2019.

CPI de Brumadinho da ALMG entrega a autoridades relatório que pede indiciamento de 13 funcionários da Vale e da TÜV SÜD. G1, 2019. Disponível em: https://g1.globo.com/mg/minas-gerais/noticia/2019/09/17/cpi-de-brumadinho-da-almg-entrega-a-autoridades-relatorio-em-que-pede-indiciamento-de-13-funcionarios-da-vale-e-da-tuv-sud.ghtml. Acesso em: 23 set. 2019.

DEPOIMENTOS reforçam que Vale sabia dos riscos de ruptura da barragem de Brumadinho desde 2017. Jornal Estado de Minas, 2019. Disponível em: https://www.em.com.br/app/noticia/gerais/2019/03/10/interna_gerais,1036774/depoimentos-reforcam-que-vale-sabia-dos-riscos-de-ruptura-da-barragem.shtml. Acesso em: 17 mai. 2019.

ESTADÃO CONTEÚDO. *Engenheiros que atestaram segurança de barragem em Brumadinho são presos. Isto é, 2019.* Disponível em: https://istoe.com.br/engenheiros-que-atestaram-seguranca-de-barragem-em-brumadinho-sao-presos/. Acesso em: 30 jan. 2019.

ESTADO DE MINAS. *Vozes de Brumadinho*, 2019. Página inicial. Disponível em: https://www.em.com.br/vozes-de-brumadinho/. Acesso em: 25 fev. 2019.

FUNDAÇÃO SOS Mata Atlântica (Org.). *Observando os Rios: O retrato da qualidade da água na bacia do rio Paraopeba após o rompimento da barragem Córrego do Feijão – Minas Gerais.* Não Informado, 2019. Disponível em: https://www.sosma.org.br/wp-content/uploads/2019/03/Expedicao-Paraopeba_Relatorio.pdf. Acesso em: 10 fev. 2019.

IBAMA multa Vale em R$ 250 milhões por catástrofe em Brumadinho (MG). Ibama, 2019. Disponível em: https://

www.ibama.gov.br/noticias/730-2019/1879-ibama-multa-vale-em-r-250-milhoes-por-catastrofe-em-brumadinho-mg. Acesso em: 26 jan. 2019

INÁCIO, Bruno; GOMES, Lucas Henrique. E*x-Miss Minas Gerais é presa em Brumadinho*. O Tempo, 2017. Disponível em: https://www.otempo.com.br/cidades/ex-miss-minas-gerais-%C3%A9-presa-em-brumadinho-1.1508935. Acesso em: 5 jun. 2019

JUSTIÇA estadual já bloqueou R$ 11 bilhões de mineradora. Tribunal de Justiça de Minas Gerais, 2019. Disponível em: https://www.tjmg.jus.br/portal-tjmg/noticias/justica-estadual-ja-bloqueou-r-11-bilhoes-de-mineradora.htm#!. Acesso em: 15 mar. 2019.

JUSTIÇA estipula que Vale pague verba emergencial a todos os moradores de Brumadinho. Brasil de Fato, 2019. Disponível em: https://www.brasildefato.com.br/2019/02/20/justica-determina-que-vale-pague-auxilio-para-todos-os-moradores-de-brumadinho-mg/. Acesso em: 25 fev. 2019.

LOVISI, Pedro. *MPMG repudia acordo da Defensoria Pública com a Vale sobre indenizações de Brumadinho*. Jornal Estado de Minas, 2019. Disponível em: https://www.em.com.br/app/noticia/gerais/2019/04/09/interna_gerais,1045194/mp-repudia-acordo-da-defensoria-publica-vale-indenizacoes-brumadinho.shtml. Acesso em: 17 mai. 2019.

MAIS cinco nomes são retirados da lista de desaparecidos na tragédia da Vale em Brumadinho. G1, 2019. Disponível em: https://g1.globo.com/mg/minas-gerais/noticia/2019/04/19/mais-cinco-nomes-sao-retirados-da-lista-desaparecidos-na-tragedia-da-vale-em-brumadinho.ghtml. Acesso em: 17 mai. 2019.

MARTINS, Cristiano. *Prefeito contrata empresa do irmão e não presta contas*. O Tempo, 2012. Disponível em: https://www.otempo.com.br/pol%C3%ADtica/prefeito-contrata-empresa-do-irm%C3%A3o-e-n%C3%A3o-presta-contas-1.316163. Acesso em: 25 jun. 2019.

MAZIEIRO, Guilherme. *Deputados mineiros apelam ao STF para criar CPMI de Brumadinho no Congresso*. UOL, 2019. Disponível em: https://noticias.uol.com.br/politica/ultimas-noticias/2019/03/13/deputados-mineiros-apelam-ao-stf-para-criar-cpi-de-brumadinho-no-congresso.htm. Acesso em: 17 mai. 2019.

MINISTÉRIO PÚBLICO DE MINAS GERAIS. *MPMG acompanha situação da barragem de mineração em Brumadinho e de outras barragens no estado*. MPMG, 2019. Disponível em: https://www.mpmg.mp.br/comunicacao/noticias/mpmg-acompanha-situacao-da-barragem-de-mineracao-em-brumadinho.htm. Acesso em: 5 out. 2019.

NEVES, Rafael. *Presidente afastado da Vale é convocado pela CPI de Brumadinho*. Congresso em Foco, 2019. Disponível em: https://congressoemfoco.uol.com.br/especial/noticias/presidente-afastado-da-vale-e-chamado-ao-congresso-pela-segunda-vez/. Acesso em: 17 mai. 2019.

OLIVEIRA, Matheus Renato. *Polícia Civil retira 17 nomes da lista desaparecidos em Brumadinho*. R7, 2019. Disponível em: https://noticias.r7.com/minas-gerais/policia-civil-retira-17-nomes-da-lista-desaparecidos-em-brumadinho-08042019. Acesso em: 17 mai. 2019.

OPERAÇÃO Brumadinho: A maior operação de busca e salvamento do Brasil. Corpo de Bombeiros Militar de Minas Gerais, 2019. Disponível em: http://www.bombeiros.mg.gov.

br/component/content/article/32-embm/73416-cbmmg-operacaobrumadinho.html. Acesso em: 2 set. 2019.

RAGAZZI, Lucas; CASTRO, Cristina Moreno de. *Barragem de Barão de Cocais pode se romper até 25 de maio, diz documento*. O Tempo, 2019. Disponível em: https://www.otempo.com.br/cidades/barragem-de-bar%C3%A3o-de-cocais-pode-se-romper-at%C3%A9-25-de-maio-diz-documento-1.2182376. Acesso em: 17 maio 2019.

RICCI, Larissa. *Maior simulado de rompimento de barragens tem início em Itabira*. Jornal Estado de Minas, 2019. Disponível em: https://www.em.com.br/app/noticia/gerais/2019/08/17/interna_gerais,1078011/maior-simulado-de-rompimento-de-barragens-tem-inicio-em-itabira.shtml. Acesso em: 18 ago. 2019.

ROCHE, Charles; THYGESEN, Kristina; BAKER, Elaine. *Mine Tailings Storage: Safety Is No Accident*. ONU, 2017. Disponível em: https://gridarendal-website-live.s3.amazonaws.com/production/documents/:s_document/371/original/RRA_MineTailings_lores.pdf?1510660693. Acesso em: 25 set. 2019.

ROMPIMENTO de barragens em Rondônia: o que se sabe até agora. G1, 2019. Disponível em: https://g1.globo.com/ro/ariquemes-e-vale-do-jamari/noticia/2019/03/30/rompimento-de-barragem-em-rondonia-o-que-se-sabe-ate-agora.ghtml. Acesso em: 17 maio 2019.

RONAN, Gabriel. *Justiça vai homologar primeiros acordos entre atingidos, Vale e Defensoria*. Jornal Estado de Minas, 2019. Disponível em: https://www.em.com.br/app/noticia/gerais/2019/04/30/interna_gerais,1050266/justica-vai-homologar-primeiros-acordos-entre-atingidos-vale-e-defens.shtml. Acesso em: 18 mai. 2019.

SENRA, Ricardo. *Brazil's dam disaster – Looking for bodies, looking for answers.*BBC, 2019. Disponível em: https://www.bbc.co.uk/news/resources/idt-sh/brazil_dam_disaster. Acesso em: 22 fev. 2019.

SUDRÉ, Luciene; PINA, Rute. *Moradores de Brumadinho expostos à lama começam a apresentar sintomas de contaminação.* Brasil de Fato, 2019. Disponível em: https://www.brasildefato.com.br/2019/02/02/moradores-de-brumadinho-expostos-a-lama-comecam-a-apresentar-sintomas-de-contaminacao/. Acesso em: 18 mai. 2019.

TJMG determina bloqueio de R$ 1 bilhão de mineradora. Tribunal de Justiça de Minas Gerais, 2019. Disponível em: http://www.tjmg.jus.br/portal-tjmg/noticias/tjmg-determina-bloqueio-de-r-1-bilhao-de-mineradora.htm#.XN8ZK8hKjIW. Acesso em: 26 jan. 2019.

TRAJANO, Humberto. *Por risco de rompimento em Barão de Cocais, Defesa Civil de MG fará novo simulado na cidade.* G1, 2019. Disponível em: https://g1.globo.com/mg/minas-gerais/noticia/2019/05/16/por-risco-de-rompimento-em-barao-de-cocais-defesa-civil-de-mg-fara-novo-simulado-na-cidade.ghtml. Acesso em: 12 set. 2019.

VALE, João Henrique do. *Engenheiros e funcionários da Vale presos pela tragédia de Brumadinho deixam presídio.* Jornal Estado de Minas, 2019. Disponível em: https://www.em.com.br/app/noticia/gerais/2019/02/07/interna_gerais,1028734/engenheiros-e-funcionarios-da-vale-presos-pela-tragedia-de-brumadinho.shtml. Acesso em: 25 fev. 2019.

VALENTE, Rubens. *CPI de Brumadinho patina sem obter provas contra cúpula da Vale.* Folha de S. Paulo, 2019. Disponível em: https://www1.folha.uol.com.br/cotidiano/2019/05/cpi-de-brumadinho-patina-sem-obter-provas--contra-cupula-da-vale.shtml. Acesso em: 18 mai. 2019.

_________, Rubens. *Equipamentos de israelenses não são efetivos para as buscas, diz chefe do resgate.* Folha de S. Paulo, 2019. Disponível em: https://www1.folha.uol.com.br/cotidiano/2019/01/equipamentos-de-israelenses-nao-sao-efetivos-para-as-buscas-dizem-bombeiros.shtml. Acesso em: 30 jan. 2019.

VARONI, Pedro. Itabira, Mariana, Brumadinho: do jornalismo local à máquina do mundo. Observatório da Imprensa, 2019. Disponível em: http://observatoriodaimprensa.com.br/dilemas-da-imprensa/itabira-mariana-brumadinho-do--jornalismo-local-a-maquina-do-mundo/. Acesso em: 14 set. 2019.

Notas e informações recebidas:

1. Notas e dados solicitados ao Corpo de Bombeiros

04 de outubro:
Número de corpos encontrados: 251.
Número atualizado de pessoas desaparecidas: 19.
Número de quantos bombeiros permanecem hoje na operação: variado, média 145 militares.

17 de maio:
Número de corpos encontrados: 240.
Número atualizado de pessoas desaparecidas: 30.
Número de quantos bombeiros brasileiros participaram da operação: 1.850 militares.
Número de quantos bombeiros permanecem hoje na operação: uma média de 150 militares diariamente permanecem na Operação.

Número de pessoas que foram salvas com vida pelo corpo de bombeiros: 192 pessoas.

2. Nota completa do Corpo de Bombeiros Militar de Minas Gerais sobre a previsão do fim das buscas solicitada no dia 17 de abril de 2019

A operação não possui previsão de término e somente existem duas hipóteses de encerramento: a localização de todos os corpos desaparecidos ou a impossibilidade fática de recuperação de corpos, devido à questão biológica, que diz respeito ao momento em que o estado de decomposição dos corpos será tão avançado que impedirá a sua localização em meio ao rejeito, devido à interação entre os materiais. Por isso, diariamente são realizadas reuniões de *briefing* e *debriefing* com as equipes para se avaliar como os trabalhos estão ocorrendo e qual a perspectiva próxima. Até o presente momento, não houve nenhum dia em que não tenha ocorrido a localização de corpos ou segmentos, o que demonstra que a operação continua sem previsão de término.

O CBMMG permanecerá com seus homens, mulheres e recursos empenhados para conseguir abreviar o sofrimento das famílias dos desaparecidos. Esse é o nosso compromisso. Mais uma vez, fomos os primeiros a chegar e seremos os últimos a sair.

3. Nota da Secretaria Municipal de Brumadinho no dia 19 de agosto de 2019

Ao todo a cidade chegou a ter um aumento de 80% no uso de ansiolítico e de 60% no uso de antidepressivos. O município ainda registra um aumento de casos de infecções respiratória agudas e doenças de pele por exposição à poeira e lama nos locais afetados.

4. Dados solicitados pela comunicação da Secretaria Municipal de Saúde Brumadinho.

Relatório da variação média de consumo de psicofármacos padronizados na SMS Brumadinho entre os meses de Janeiro de 2018 a Junho de 2019

Medicamento	Média Mensal 2018*	Média Mensal 2019*	Variação percentual de consumo
Acido valproico (sal sodico) - 250 mg –caps - controlado	2.892	3.792	31%
Acido valproico (sal sodico) - 500 mg –caps - controlado	3.338	4.183	25%
Acido valproico 250mg/5ml - 100ml controlado	1	1	0%
Amitriptilina 25 mg - comp/blister - controlado	15.011	17.794	19%
Biperideno 2 mg - comp/blister - controlado	3.553	4.300	21%
Carbamazepina 2% susp - fr 100 ml - controlado	9	10	15%
Carbamazepina 200 mg - comp/blister - controlado	9.457	10.635	12%
Carbonato de litio 300 mg - comp/blister - controlado	2.375	3.082	30%
Clomipramina 25mg drag - controlado	1.243	1.533	23%
Clonazepam 2mg comp - controlado	12.895	16.780	30%
Clonazepan sol oral 2,5mg/ml fr 20ml - controlado	58	105	82%
Clorpromazina 100 mg - comp/blister - controlado	1.450	1.535	6%
Clorpromazina 25 mg - comp/blister - controlado	2.143	2.202	3%
Clorpromazina 40mg/ml (4%) gotas fr 20 ml - controlado	11	24	126%
Codeina 30 mg - comp/blister - controlado	77	122	59%
Diazepam 10 mg - comp/blister - controlado	4.682	8.913	90%
Fenitoina 100 mg - comp/blister - controlado	2.440	2.795	15%
Fenobarbital 100 mg - comp/blister - controlado	5.350	6.367	19%
Fenobarbital 4% (1 mg / gota) - sol oral - fr 20 ml - controlado	10	10	2%
Fluoxetina 20mg caps/blister - controlado	16.693	20.380	22%
Haloperidol 1 mg – comp/blister - controlado	383	600	57%
Haloperidol 2 mg/ml fr 20 ml - controlado	27	46	72%
Haloperidol 5 mg – comp/blister - controlado	1.593	1.838	15%
Imipramina 25 mg - comp/blister - controlado	2.330	4.080	75%
Imipramina 75 mg - comp/blister - controlado	80	0	-100%
Levomepromazina 100 mg - comp/blister - controlado	1.070	967	-10%
Levomepromazina 25 mg - comp/blister - controlado	917	1.950	113%
Levomepromazina 40mg/ml gotas – fr de 20 ml - controlado	14	22	61%
Lorazepan 2 mg - comp/blister - controlado	2.000	2.161	8%
Metilfenidato 10mg comp/blister - controlado	1.371	2.013	47%
Nitrazepan 5 mg - comp/blister - controlado	311	215	-31%
Nortriptilina 25 mg - caps - controlado	2.326	3.420	47%
Nortriptilina 50 mg - caps - controlado	563	1.200	113%
Periciazina 4 % gotas fr 20ml - controlado	23	16	-32%
Risperidona 2mg comp/blister - controlado	3.125	4.045	29%
Risperidona 3mg comp/blister - controlado	2.105	3.677	75%
Sertralina 50mg comp/blister - controlado	10.807	14.566	35%
Tioridazina 100mg drag - comp - controlado	600	770	28%
Trifluoperazina 5mg comp. - controlado	545	393	-28%

Legenda:
Itens com elevação expressiva de consumo
Itens com elevação significativa de consumo
Itens com diminuição do consumo ou itens em desuso
* número médio mensal de unidades farmacêuticas dispensadas à população

Fonte: Central de Abastecimento Farmacêutico - CAF (16/07/19)

5. Nota do Ministério Público de Minas Gerais

EMAIL ENVIADO:

Olá, boa tarde!

Meu nome é Julia Castello sou estudante de jornalismo da Pontifícia Universidade Católica de São Paulo e estou fazendo meu Trabalho de Conclusão de Curso sobre o rompimento da barragem de Brumadinho, ocorrido no dia 25 de janeiro de 2019.

A intenção do trabalho é contar histórias de moradores afetados, parentes de vítimas e de profissionais que se envolveram nos atendimentos às estas pessoas. Entrei em contato por telefone há alguns meses sobre a possibilidade de entrevista com o porta-voz do Ministério Público de Minas Gerais, André Sperling, por telefone. Como não obtive resposta gostaria de solicitar uma nota para responder alguns dos questionamentos para utilizar no trabalho:

1) Quais foram as frentes de atuação do Ministério Público de Minas Gerais em relação ao rompimento da barragem em Brumadinho?

2) De que forma o Ministério Público participou das audiências com a mineradora? Quantas audiências foram e o que ficou determinado no fim?

3) Surgiu durante um período um desentendimento entre Ministério Público e Defensoria, que antes estavam trabalhando juntos em relação à Ação Coletiva dos atingidos contra a mineradora. Ainda defendem que a Ação Coletiva é o melhor caminho?

4) A Ação Coletiva ainda continua em processo? Quantas pessoas estão participando da Ação? Já existe previsão de quando a Ação será julgada?

5) Em entrevistas na mídia, o porta-voz do Ministério Público chegou a criticar a ação da Defensoria Pública de Minas Gerais de auxiliar e promover as indenizações extrajudiciais com a mineradora. Quais são as críticas atualmente e se ainda não concordam com este tipo de ação?

6) De que forma o Ministério Público está agindo, acompanhando os desdobramentos das consequências do rompimento da barragem na cidade, atualmente? Se existe e, quais são as próximas ações do Ministério em relação a este acontecimento?

RETORNO RECEBIDO:

Júlia, boa tarde.

Desde o rompimento da barragem, o MPMG tem atuado nos eixos socioambiental, socioeconômico e criminal, buscando a reparação dos danos causados ao meio ambiente e às pessoas atingidas e também as responsabilizações criminais dos envolvidos. Você pode acompanhar detalhes da atuação do MPMG pelo link abaixo, onde há um histórico de notícias referentes ao caso, e também no PDF anexo, que contém um balanço dos 6 meses de atuação do MPMG frente ao rompimento.

*o MPMG não irá comentar a atuação de outros órgãos envolvidos no caso

Todas as ações do Ministério Público de Minas Gerais em Brumadinho estão disponíveis no link: https://www.mpmg.mp.br/comunicacao/noticias/mpmg-acompanha-situacao-da-barragem-de-mineracao-em-brumadinho.htm

POSFÁCIO
Uma "escutadeira" das dores humanas

por Pollyana Ferrari[44]

"Prefiro o trabalho das mulheres ao dos homens. Quando morei na Suécia, o ministro de Defesa era uma mulher. Lembro uma foto dela grávida, passando em revista as tropas. Se todos os ministros de Defesa fossem mulheres, teríamos menos guerra no mundo. Trabalhei 30 anos sobre a história do comunismo russo e entrevistei centenas de homens e mulheres. Sempre as histórias delas eram mais interessantes", diz a escritora bielorrussa Svetlana Aleksiévitch, Nobel de Literatura de 2015 e autora de vários livros, entre eles, *Vozes de Tchernóbil - A história oral do desastre nuclear* e *A guerra não tem rosto de mulher*, durante sua palestra na Flip em 2017, em Paraty. Recorro a esta lembrança da fala de Svetlana durante a escritura deste Posfácio, pois Julia Castello Goulart me lembra Svetlana, tanto no jeito físico, como na escrita.

Outra mulher que também vinha a minha mente a cada texto entregue por Julia, a cada leitura - e lágrimas, pois chorei muito junto com a autora tecendo este livro - era Eliane Brum, que se autodefine como uma "escutadeira" de histórias.

44 Pollyana Ferrari é jornalista e pesquisadora em Comunicação Digital. Professora de hipermídia e narrativas transmídias nos cursos Comunicação e Multimeios, Jornalismo e na Pós-Graduação *Strictu Sensu* de Tecnologias da Inteligência e Design Digital (TIDD), todos ligados à PUC-SP. Autora dos livros "Jornalismo Digital", "Hipertexto, Hipermídia", "A força da mídia social" e "No tempo das telas", além de 12 participações em livros sobre Comunicação. Em seu doutorado (2007) procurou mapear de que forma as narrativas hipertextuais estão mudando a democracia digital.

E foi essa capacidade incrível de ouvir àqueles que geralmente não são ouvidos que fez de Eliane uma jornalista que emociona seus leitores a cada coluna. O primeiro livro de Julia traz essa força de escutar, de dar voz para pessoas anônimas, dom também presente nessas duas grandes repórteres e escritoras: Svetlana e Eliane.

A catarse desta escrita das memórias das vidas que a lama levou em Brumadinho fez com que Julia escrevesse dia e noite [sem parar] por 90 dias, escutando milhares de horas de gravação. Muitas vezes cheguei a achar que ela não iria aguentar, pois chegava para orientação exausta, abatida, mas quando entregava o texto, ou mostrava as fotos, a força da narrativa me fisgava e eu não conseguia parar de ler.

Memórias de brumadinho: vidas que não se apagam é uma leitura apaixonante, forte e fundamental num país que já se esqueceu da tragédia de Mariana e de tantas outras que permanecem nos noticiários durante os primeiros dias e depois somem da mídia, num esquecimento midiático que até parece proposital, retornando à imprensa em datas comemorativas para cumprir a pauta.

Concordo com Svetlana quando diz que relatos de mulheres são mais interessantes. Julia, a cada semana de orientação de TCC (Trabalho de Conclusão de Curso) me emocionava. Como mineira, logo após o desastre ambiental ocorrido em 25 de janeiro de 2019, às 12h28 minutos, quando a barragem B1, no Córrego do Feijão da mineradora Vale se rompeu, Julia mergulhou no assunto, sabendo que iria escrever sobre essas vidas apagadas pela lama, bem como o formato do livro também já estava em sua cabeça.

Nesse um ano de convívio semanal, em nenhum momento ela teve dúvidas. "Seria mentira se eu não dissesse que pensei quase todos os dias destes últimos meses sobre tudo que eu vivi e conheci. Brumadinho e as pessoas desta cidade, deste livro, me marcaram. (...) "Nunca irei me esquecer do que vivi. E não quero. Esse com certeza é um rascunho de uma parte da minha vida, e de todos nós, que nunca será apagada", diz Julia em um de seus desabafos que estão registrados no livro.

Não é para esquecermos jamais dos mais de 200 mortos identificados até a edição deste livro e de vários corpos que não serão encontrados. Relembro uma das frases de Gabriel García Márquez que mais gosto. "Jornalismo não é obrigação, não é um trabalho como outro qualquer. É paixão e quase uma missão". Missão que fez Julia registrar mais de 100 imagens, algumas selecionadas no livro, como a do Cacique Hayó mostrando sua horta destruída pela lama, com a chegada do minério, ou a fotografia do letreiro na entrada de Brumadinho, coberto com as vestimentas e fotos das vítimas.

Paixão pela profissão que fez Julia escrever, aos 21 anos, centenas de páginas que fisgam o leitor, trazendo para o texto até o cheiro da lama. Muitas vezes senti esse cheiro de barro, de tão precisas que são as descrições daquele dia 25 de janeiro. Entre outras qualidades presentes na sutileza dos fios que são tecidos em *Memórias de Brumadinho: vidas que não se apagam*, encontra-se a apresentação documentada de um dia, o dia do desastre ambiental. "Segundo a Secretaria Municipal de Saúde de Brumadinho, a cidade chegou a ter um aumento de 80% no uso de ansiolítico e de 60% no uso de antidepressivos em comparação de junho de 2018 a junho de 2019. O número de tentativas de suicídios também aumentou, principalmente entre as mulheres", relata Julia em um dos trechos iniciais do livro.

Neste sentido, o livro de Julia é um registro histórico de um dia que não pode ser esquecido, além de uma grande reportagem jornalística, sensível e humana.

SOBRE A AUTORA

Julia Castello Goulart nasceu em Uberaba no triângulo mineiro. Desde pequena, quando passava as férias na casa do seu bisavô, na cidade de Ouro Fino, no sul de Minas Gerais, gostava antes mesmo de saber ler, pegar os livros na biblioteca de sua família e inventar histórias. Aos 13 anos, ela escreveu seu primeiro romance, "Tudo sobre nós" e dois anos depois, começou a escrever crônicas e artigos de opinião para o jornal local da sua cidade. Ao prestar vestibular ficou em dúvida entre letras e jornalismo. Em 2016, acabou se mudando para São Paulo capital, onde se formou em jornalismo pela Pontifícia Universidade Católica de São Paulo (PUC-SP).

Galeria de imagens

Peixes mortos na margem do rio Paraopeba. Reprodução do entrevistado e repórter, Pedro.

Exterior de casa destruída no Córrego do Feijão. Reprodução da própria autora.

Cacique Hayò mostrando horta destruída, consequência da chegada do minério. Reprodução da própria autora.

Letreiro na entrada da cidade, com vestimentas e fotos de vítimas. Reprodução da própria autora.

Mina do Feijão, após o rompimento. Reprodução da própria autora.

Entrada da Mina do Feijão destruída após o rompimento da barragem. Reprodução da própria autora.

Rio Paraopeba vista da ponte da cidade, após rompimento da barragem. Reprodução da própria autora.

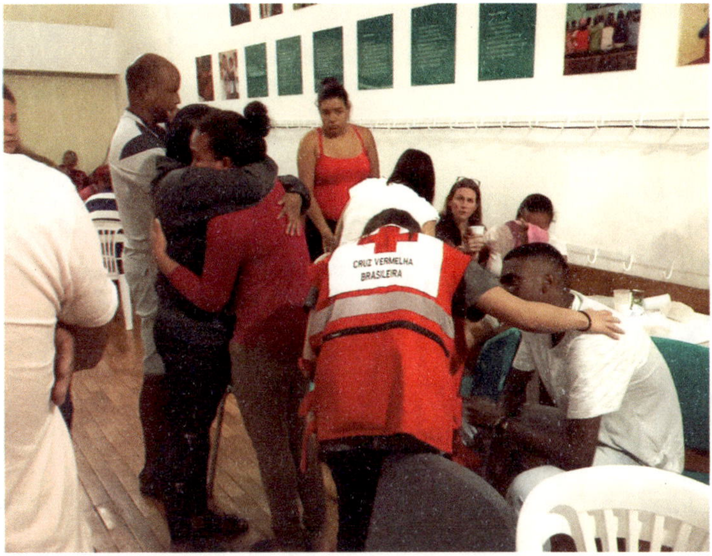

Familiares de vítimas dentro da Estação do Conhecimento aguardando notícias de desaparecidos. Reprodução do entrevistado e repórter, Pedro.

Vestimentas e bandeiras abaixo do letreiro. Reprodução da própria autora.

Placa de sinalização para Mina do Feijão. Reprodução da própria autora.

Interior de casa destruída no Córrego do Feijão. Reprodução da própria autora.

Bispo-auxiliar com fiéis em procissão da Igreja Nossa Senhora das Dores até a área atingida. Arquivo Arquidiocese de Belo Horizonte.

Cotidiano de moradores do Parque da Cachoeira, após a tragédia. Reprodução da própria autora.

Cruz em rua devastada pela lama, no Parque da Cachoeira.
Reprodução da própria autora.

Cruz em frente ao letreiro da cidade, com frase de protesto.
Reprodução da própria autora.

MOVIMENTO DOS
PESCADORES E
PESCADORAS ARTESANAIS
CORAÇÃO
VALE
ASSASSINA
Te amamos
17-12-1938

Este livro foi composto em Minion Pro
e Avenir Next